UN SYSTÈME

SUR LES

RACINES INDO-EUROPÉENNES

PAR

M. L'ABBÉ WAGNER

PROFESSEUR A L'ÉCOLE DE PONTLEVOY

Extrait de la REVUE DES QUESTIONS SCIENTIFIQUES.

LOUVAIN
TYPOGRAPHIE DE CHARLES PEETERS

1877

UN SYSTÈME

SUR

LES RACINES INDO-EUROPÉENNES

UN SYSTÈME

SUR LES

RACINES INDO-EUROPÉENNES

PAR

M. L'ABBÉ WAGNER

PROFESSEUR A L'ÉCOLE DE PONTLEVOY

—

Extrait de la Revue des Questions scientifiques.

—

LOUVAIN
TYPOGRAPHIE DE CHARLES PEETERS

—

1877

UN SYSTÈME

SUR LES

RACINES INDO-EUROPÉENNES.

Il est vrai que la philologie, comme science, ne date pour ainsi dire que d'hier. Le génie de Leibnitz l'avait pressentie; Bopp, en 1816, en a jeté les fondements, et depuis lors une armée nombreuse de travailleurs infatigables ont élevé l'un des plus beaux monuments qui seront la gloire de notre siècle. Il ne faudrait pourtant pas croire qu'avant ce temps on ne se soit pas occupé de philologie. En présence de ce phénomène merveilleux, — apanage exclusif de la créature intelligente, compagnon inséparable de la raison et instrument nécessaire de la pensée, — qui s'appelle le langage, il est naturel que la curiosité des hommes ait été excitée et qu'on se soit demandé : Ce langage, qu'est-il? Que sont ces mots dont je me sers pour exprimer mes idées? D'où viennent-ils? Quelle est la cause de la diversité des idiomes? Il est impossible qu'un esprit philosophique, un savant désireux de se rendre compte des choses, ne s'intéresse à ces questions autant au moins qu'à une question de physique ou d'astronomie. Et de nos jours, où la science du langage a fait tant de progrès, il n'est guère permis à un homme éclairé d'en ignorer l'histoire sommaire et les résultats généraux.

L'histoire de la philologie peut se résumer en peu de mots. Les anciens dédaignaient trop les langues des *Barbares* pour s'en occuper. Par suite, ils ne cherchaient que dans leur propre langue l'explication étymologique des mots douteux. C'est ainsi que Varron, « le plus savant des Romains, » se demandant l'étymologie de *terra*, et ne voyant d'autre mot latin approchant que *tero*, broyer, fouler, dit que la terre a été ainsi nommée parce qu'elle est foulée aux pieds. On comprend que l'imagination a joué le principal rôle dans ce genre de recherches. Plus tard, quand le christianisme eut appris aux peuples le respect mutuel, et que l'on tint compte des divers idiomes parlés, on pensa que tous venaient d'une seule langue originelle, modifiée dans le cours des siècles; et les efforts des érudits tendirent à ramener les diverses langues à celle qui était regardée comme primitive. Comme on croyait que c'était l'hébreu, on tâcha de trouver, dans les autres, des mots ressemblant de près ou de loin à l'hébreu, et quand on ne trouvait pas la ressemblance cherchée, on l'inventait. Par exemple, *aesculus* signifiant *chêne* en latin, et le mot ESHEL signifiant *ombrage* en hébreu, on expliquait *æsculus* par ESHEL en disant que le chêne donne beaucoup d'ombre. Comme l'imagination, encore ici, faisait à peu près tous les frais de ce travail, et qu'elle y régnait en souveraine, il était impossible d'en contrôler les résultats. D'autres laissèrent de côté l'hébreu et établirent avec la même facilité et un succès égal que les honneurs de la primauté revenaient à telle ou telle autre langue, suivant la nationalité ou le goût de chaque auteur. Presque toutes alors furent élevées sur le trône et renversées tour à tour, depuis le chinois, le basque, le celtique jusqu'au flamand lui-même. Dans tous ces travaux en faveur de la langue préférée on dépensait une activité prodigieuse, et on n'aboutissait pas.

Lorsque les relations des missionnaires et des voyageurs eurent fait connaître l'ancienne langue des Indiens, le sanscrit, on fut frappé de la ressemblance qu'elle présentait, dans sa déclinaison et sa conjugaison, aussi bien que dans son vocabulaire, avec le latin et le grec. Dès lors commença pour la philologie une ère nouvelle. On *compara* ces langues entr'elles, sans chercher, comme on l'avait fait jusque là, le seul rapport de *filiation*. Cette comparaison donna des résultats assez satisfaisants pour exciter le désir de l'étendre à d'autres langues encore. C'est l'époque des grandes compilations, d'abord réunies sans autre ordre que celui de l'alphabet, puis disposées par familles. Une fois ce colossal travail achevé, on procéda à l'examen détaillé de la structure intime des idiomes.

On remarqua qu'un certain nombre de langues, comme le chinois, sont *monosyllabiques*, c'est-à-dire, que tous leurs mots sont invariablement des monosyllabes; que d'autres, tout en ayant comme partie essentielle une seule syllabe, y en adjoignent d'autres par une sorte de juxtaposition, mais sans confusion aucune : ce sont les langues *agglutinatives*, comme celles du Dékhan; que d'autres enfin, ayant pour partie essentielle un monosyllabe ou un dissyllabe, y ajoutent des particules, non plus en les juxtaposant, mais en les y incorporant, pour ainsi dire, inséparablement, de manière à former ce tout unique qui s'appelle *un mot* : ce sont les langues agglutinatives à flexions ou, plus simplement, *langues à flexions*. Ces dernières langues, qui sont les plus riches en monuments littéraires et qui appartiennent aux nations les plus éclairées, ont été soumises à un examen plus approfondi.

On s'est attaché avant tout à distinguer nettement dans les mots la partie essentielle, ou *racine*, des particules qui s'y trouvent mêlées. Les particules, appelées flexions quand il s'agit de conjugaison ou de déclination, et, hors de là, suffixes ou préfixes, suivant qu'elles suivent ou précèdent la partie essentielle, ces particules, disons-nous, en s'incorporant à une racine et lui sacrifiant ainsi l'existence indépendante qu'elles possédaient, à une époque antérieure, à l'état de mots isolés, ont acquis, en échange de ce sacrifice, une vitalité puissante, extrêmement précieuse pour le philologue. Ne pouvant plus vivre seules, elles semblent se cramponner avec ténacité au mot à la fortune duquel elles se sont liées et ne le quittent plus, quelque mutilation que leur fassent d'ailleurs subir le caprice des hommes ou les ravages du temps. Qu'une langue s'éteigne, celles qui naîtront de ses cendres sauvegarderont ces particules avec un soin d'autant plus jaloux qu'elles en auront hérité d'une manière tout à fait inconsciente.

Nulle méthode ne pouvait être plus scientifiquement ni plus utilement employée que l'examen de ces précieux restes grammaticaux pour observer la parenté des langues. Par elle il a été constaté, on peut dire avec une rigueur mathématique, que l'immense majorité des langues parlées depuis l'ouest de l'Europe jusqu'aux Indes étaient primitivement une seule et même langue, dont les rejetons principaux sont le sanscrit, le zend, le persan, le grec, le latin, le germanique, le slave et le celtique, et qu'on appelle langue aryenne ou *indo-européenne.*

Parmi les langues à flexions il est un autre groupe, appelé sémitique, dont les principaux représentants sont l'hébreu, l'arabe, l'égyptien. Des efforts ont été tentés pour rapprocher les groupes indo-européen et sémitique; mais quoiqu'il y ait entre les deux des rapports certains, et qu'à une époque reculée ils n'aient sans doute été, eux aussi, qu'une même langue, le mystère de leurs origines ne nous est pas encore suffisamment révélé. Quand il le sera, la lumière se fera mieux sur le véritable sens des racines telles que nous les montrent les deux groupes dans leur état isolé.

Par cette dernière observation on voit que la prudence commande de ne pas, dès à présent, se prononcer sur ces racines et d'attendre des découvertes nouvelles. Mais l'impatience de quelques auteurs les a poussés à devancer les résultats d'une recherche calme, et, renouvelant en partie les errements de leurs devanciers avec d'autant plus de hardiesse qu'ils se sentaient appuyés sur une base solide, ils ont *imaginé* des systèmes, ou plutôt des hypothèses, sur les racines. Dans les pages qui suivent, nous examinerons l'un de ces systèmes. Si nous avions pensé qu'il fût inoffensif, nous ne l'aurions pas combattu. Toute hypothèse ne doit pas être impitoyablement rejetée du domaine de la science. Il en est qui, au service du génie, peuvent être d'une grande utilité, en indiquant un but précis à l'activité des investigateurs et en faisant converger vers un seul point leurs efforts réunis. La magnifique découverte d'une langue primitive indo-européenne a couronné une hypothèse de F. Schlegel. Malheureusement, s'il en est qui font avancer la science, il peut aussi y en avoir d'autres qui en entravent les progrès; et il nous a semblé que celle dont nous allons nous occuper est de ces dernières. Proposée par un écrivain vulgaire, elle aurait sans doute passé inaperçue. Mais, la voyant soutenue par l'un des princes de la philologie devant l'élite des savants de France(1), nous avons craint que, dans l'appréciation même des hommes éclairés, elle n'empruntât au mérite de l'auteur une valeur exagérée, et nous avons jugé utile d'accompagner son discours des remarques qu'on va lire.

« ... Les racines, ces syllabes qui se trouvent à la base » des mots et qui en forment la partie fondamentale et in- » variable, ont donné lieu en ces dernières années à de bril- » lantes et curieuses théories... Toutes les fois que l'homme, » remontant un degré dans l'histoire de son passé, découvre » une époque plus ancienne que ce qu'il avait connu jusque- » là, il est tenté de croire que cette fois il touche à ses ori- » gines. Déjà plus d'une illusion de ce genre a captivé » momentanément et trompé la science. Lorsque les récents » progrès de la linguistique ont permis de réduire les mots à

(1) *Les racines indo-européennes*. Discours prononcé le 25 octobre 1876, par M. Bréal, devant les cinq Académies réunies.

» leurs moindres éléments, quelques éminents philologues » ont cru qu'ils tenaient enfin les commencements de la » parole humaine. Les racines parurent à leurs yeux comme » l'expression des premières notions de l'homme. Ils y ratta- » chèrent des considérations sur la succession de nos idées et » sur la nature de notre intelligence. — Quand on parcourt » la liste des racines indo-européennes, un premier point » frappe l'attention : c'est que la plupart expriment une » action ou une qualité, comme *aller*, *porter*, *frapper*, » *briller*, *retentir*, *penser*. Cette action ou cette qualité a » l'air d'être conçue d'une façon abstraite, c'est-à-dire, déta- » chée de l'objet qui va, porte, frappe, brille, retentit, pense. » Très-peu de racines désignent un être ou une chose. Pour » nommer le soleil, par exemple, ou le cheval, on se sert, » non pas d'une simple racine, mais d'un dérivé de la racine » *briller* ou de la racine *courir*. Le soleil est le brillant, le » cheval est le coureur. De cette signification abstraite des » racines, notre confrère, M. Max Müller, dans ses spiri- » tuelles *Lectures sur la science du langage*, a tiré des » vues ingénieuses : nous commençons, dit-il, réellement par » connaître les idées générales, et c'est par elles que nous » connaissons et que nous nommons ensuite les objets indi- » viduels... Nommer, dit-il encore, c'est classer, c'est-à-dire, » ranger les faits individuels sous des faits généraux ; et tout » ce que nous connaissons, nous ne le connaissons qu'à l'aide » de nos idées générales. Il serait hors de propos de discu- » ter en ce moment la valeur de cette théorie philosophique : » disons seulement qu'à l'occasion des racines elle ne nous » paraît pas à sa place. »

Dans les lignes qui précèdent, le savant professeur de philologie comparée au collége de France, nous fait connaître le dessein qu'il poursuit. Il est d'avis que les vraies racines du langage ne sont pas celles qu'on donne pour telles, que la langue a procédé du particulier au général, qu'on est parti des noms d'objets individuels ou substantifs pour arriver à ces formes générales qu'on appelle racines verbales.

Nous allons examiner l'un après l'autre ses arguments.

« Pour nous convaincre que nous ne touchons pas aux » premières conceptions de l'homme » (contenues dans les racines verbales) « il suffit de nous rappeler qu'il s'agit ici d'une » seule famille de langues, et non pas sans doute de la plus » ancienne. »

Pour que cet argument fût complet, il faudrait montrer que dans les autres familles de langues on s'est servi d'un procédé différent, c'est-à-dire, qu'on a pris des substantifs pour en former les verbes. M. Bréal n'a pas entrepris cette démonstration, qui aurait eu certainement du poids. C'est qu'aussi il lui aurait été difficile de la faire : car de l'examen des autres familles de langues, résulte précisément la conclusion contraire à sa thèse. Il est parfaitement connu, par exemple, des hébraïsants que tous les substantifs dont l'étymologie est connue sont rattachés à des racines verbales. Il en est de même de la langue des Égyptiens qui, d'après les dernières données de l'histoire, sont le plus ancien peuple dont on ait des monuments écrits.

« Quant à la signification de ces racines, un examen plus » attentif permet d'apercevoir par quelle circonstance elles » sont arrivées à exprimer des notions générales. Elles doivent » ce privilége au système agglutinatif de nos langues. Ce » sont les flexions et les suffixes qui, en venant s'y ajuster, » ont causé ce changement. »

Une simple question : Si nos racines doivent au système agglutinatif le privilége de pouvoir exprimer des notions générales, comment se fait-il que les langues monosyllabiques, c'est-à-dire, celles à qui manque le système agglutinatif, ont pourtant le pouvoir d'exprimer des notions générales? On ne voit pas non plus par conséquent ce que vient faire ici ce mot de privilége.

« Je prends, par exemple, le monosyllabe BHAR qui veut » dire porter, et qui a donné le latin *fero*, le grec φέρω, le germanique *bairan* (lequel se trouve encore en allemand dans » le composé *gebären*, mettre au monde). Il est impossible

» de savoir au juste ce que signifiait d'abord le monosyllabe » BHAR. Désignait-il le porteur d'un fardeau ou le fardeau » lui-même, ou avait-il quelque sens encore plus particulier, » comme le serait par exemple l'enfant que la mère porte » dans son sein? Il serait hardi de rien décider là-dessus. » Mais ce qui est certain, c'est qu'il ne faut point attribuer à » l'ancien monosyllabe BHAR la signification abstraite qu'il a » prise quand on a commencé à dire BHAR-MI, je porte, BHAR-» TI, il porte, BHARTAR, le porteur. Ce jour-là, BHAR est » *devenu* une racine. »

Cet exemple ne prouve pas ce qui est à prouver. En effet, ce qui est à prouver c'est que « ce sont les flexions et les suffixes qui, en venant s'ajuster aux racines, ont causé ce changement (qui fait passer un mot d'un sens particulier à une notion générale). » Il faudrait donc, dans l'exemple cité, nous montrer le changement que fait subir au monosyllabe BHAR l'adjonction des flexions MI, TI, et du suffixe TAR. Or, pour nous le montrer l'illustre auteur n'a absolument rien à nous donner que son affirmation. Ce qui est certain, dit-il, c'est que l'ancien monosyllabe BHAR n'avait pas la signification qu'il a prise quand on a commencé à dire BHARMI, BHARTI, BHARTAR. Mais il n'est personne qui ne voie que ce qui est affirmé ici comme certain est justement ce qui est à démontrer. Bien plus, on peut soutenir que BHAR avait parfaitement la signification de porter avant l'adjonction de MI, TI ou TAR, et que s'il ne l'avait pas eue avant, il ne l'aurait jamais eue après. Je m'expliquerai mieux en prenant un exemple : Étant donné le mot français *porter*, ou, si l'on veut, le radical *port*, quelle est la différence de sens que fait subir à ce verbe l'addition des pronoms *je, tu, il*, etc.? Est-ce que, en disant : Je porte, tu portes, il porte, le sens inhérent au verbe porter se trouve modifié? Nullement. Or, ces flexions sanscrites MI, TI, signifiaient simplement *je, il*, et le suffixe TAR, *celui qui*. Retranchez ces terminaisons, et vous aurez dans BHAR l'idée générale rendue en français par l'infinitif porter. Vous pourrez ensuite chercher comment cette forme

BHAR en est venue à signifier porter, je me réserve d'en parler ailleurs; toujours est-il que cet exemple ne prouve pas que les flexions et les suffixes, en s'ajustant à ce monosyllabe, ont causé en lui un changement de sens allant du particulier au général, ni un changement quelconque.

« Il suffit d'observer nos idiomes pour voir comment un » verbe tiré d'un nom surpasse ordinairement en abstrac- » tion le nom dont il est sorti. Nous avons, par exemple, » en latin le substantif *monstrum* qui désigne une curiosité, » une merveille, un monstre; de là est venu notre verbe » montrer qui s'emploie encore en d'autres occasions que » quand il s'agit de monstres ou de merveilles. On a l'ad- » jectif latin *durus*, dur : il a donné le verbe *durare* qui » s'employait probablement d'abord pour le bois des jeunes » arbres, lequel avec le temps prend de la consistance et se » durcit; mais *durare* a encore signifié durer. On voit com- » ment le verbe se dégage facilement de ce qu'il y avait de » trop particulier dans le nom dont il est issu. Le même fait » a dû se passer à une époque plus ancienne. Il n'est pas » vraisemblable que dans la période monosyllabique il n'y » eût pas encore de termes pour désigner le soleil, le ton- » nerre, la flamme. Mais du moment que ces mots sont » entrés en contact avec les éléments pronominaux, pour » former des verbes, leur sens est devenu plus fluide, et » ils se sont résolus en racines signifiant briller, retentir, » brûler. »

Dans ces exemples, l'auteur nous apprend que *monstrum* (curiosité, merveille, monstre) a donné naissance à notre verbe montrer, et il ajoute que ce verbe s'emploie encore en d'autres occasions que quand il s'agit de monstres ou de merveilles. Sur quoi il est bon de remarquer que le mot *monstrum*, qui vient de *moneo*, signifiait simplement, dans l'origine, ce qui attire l'attention; d'où naturellement le verbe *monstrare*, montrer, très-fidèle au sens primitif de *monstrum*, signifie attirer l'attention sur un objet. Quant au substantif *monstrum*, il a successivement signifié

1° avertissement, et, plus particulièrement avertissement des dieux, présage, 2° curiosité, merveille, 3° monstre. Mais il ne faudrait pas citer ces derniers sens particularisés de *monstrum* comme ayant quelque rapport de paternité avec montrer. On comprend que s'il en était ainsi, c'est-à-dire, que si montrer venait de *monstrum* restreint au sens de merveille ou de monstre, l'auteur pourrait en tirer parti en faveur de sa thèse, et c'est ce qu'il semble prétendre en disant que le verbe montrer s'emploie en d'autres occasions encore que quand il s'agit de monstres ou de merveilles. Malheureusement pour lui, le verbe n'a pas fait tout le chemin qu'il lui fait faire, son sens en est resté au point de départ, c'est-à-dire, à celui de *monstrum* dans l'origine, sans se généraliser, tandis que le substantif a marché, particularisant sa signification de plus en plus.

Des observations analogues peuvent se faire sur l'autre exemple *durus*, dur, qui a produit *durare*, durer. On ne conçoit pas facilement que *durare*, durer, vienne de *durus* dans le sens de dur. On comprendrait immédiatement, au contraire, que, supposé à *durus* le sens de *continu*, *constant*, *persévérant*, il eût formé *durare*, durer. Je ne connais pas, à la vérité, à *durus* le sens de continu, constant, persévérant; mais cela ne prouve pas qu'à une certaine époque il ne l'ait pas eu. Il est même permis de soutenir que ce fut là son premier sens. La preuve, c'est qu'il est rattaché par les étymologistes les plus récents au sanscrit DHRU ou DHUR, que Bopp traduit par 1° *fixum esse*, 2° *ire*, et à la racine plus primitive DHIR (ou DHAR), 1° *tenere*, *ferre*, 2° *detinere*, 3° *sustentare*, *servare*, d'où vient l'adjectif DHÎRA, *firmus*, *solidus*, *constans*, *fortis*. Ainsi l'adjectif sanscrit correspondant à *durus* a le sens de ferme, solide, constant, fort. On remarquera que le mot *durus* n'y figure pas.

Cette étymologie de *durus* ne nous semble pas à négliger ; elle vient parfaitement à l'appui de l'opinion d'après laquelle ce mot aurait eu tout d'abord le sens de solide, continu, constant, que devait déjà faire soupçonner l'idée de durée renfermée dans *durare*. S'il en est ainsi, le verbe *durare* dans le sens de durer a fait comme *monstrare*. Au lieu de parcourir ce long chemin qui le conduirait de l'idée de dureté à celui de durée, en passant « probablement » à travers cette forêt de « jeunes arbres dont le bois prend avec le temps de la consistance et se durcit, » au lieu de faire ce long et *très-improbable* trajet, il est resté simplement en place et a commencé par où on le fait finir.

Il ne faut pas plus s'étonner de ne pas voir au *durus* classique le sens de constant, continu, que de ne plus voir au mot monstre le sens primitif de *monstrum*.

Ces exemples ne prouvent donc rien, et nous ne pouvons pas donner une grande importance à la conclusion qu'en tire le savant philologue : On voit, dit-il, comme le verbe se dégage facilement de ce qu'il y avait de trop particulier dans le nom dont il est issu. Si, comme l'auteur ajoute, le même fait a dû se passer à une époque plus ancienne, on conviendra que sa thèse ne s'en trouve pas bien avancée.

Mais qu'on nous permette ici d'aller un peu plus au fond de la question.

Ces exemples sont donnés pour appuyer l'affirmation d'après laquelle c'est la transformation des noms en verbes, c'est-à-dire, l'emploi des flexions et des suffixes, qui produit le changement de signification. A mon avis, l'emploi des flexions et des suffixes, comme j'ai déjà fait voir, n'est pas la cause du changement de signification; cette cause, c'est l'oubli du sens primitif. Cet oubli peut avoir lieu de plusieurs manières :

1° Par l'addition d'un sens nouveau, dans lequel on a d'abord vu parfaitement transparaître encore le premier sens, mais qui ensuite a été le plus employé et qui a fini par supplanter l'autre : c'est le cas de *monstrum*. Au temps où ce mot a été formé, on en connaissait très-bien l'origine, on le rattachait immédiatement et sans effort à *moneo*, et le sens étymologique de « chose qui avertit, qui attire l'attention, » était transparent. Mais lorsque ce mot, par une transition naturelle, eut passé à une signification plus particulière, d'abord à celle de merveille, puis à celle de monstre, sa dérivation s'obscurcit peu à peu ; et plus tard on eût peut-être autant étonné un jeune Romain en lui disant que *monstrum* venait de *moneo* qu'on étonnerait aujourd'hui nos élèves en leur disant qu'il y a un rapport entre monstre et montrer.

2° Cet oubli de l'étymologie (ou sens primitif) d'un mot peut venir aussi ce ce qu'il entre en combinaison avec quelque autre mot de manière à former avec lui une locution. Le sens de cette locution, clair d'abord, s'obscurcit en se partageant entre les mots qui la forment. En France, par exemple, on ne sait généralement pas que, dans les locutions *ne pas*, *ne point*, et l'ancien *ne mie*, le dernier élément n'est autre chose que le substantif *pas*, *point* ou *mie*. De même un Latin, en disant *nihilum*, ne se doutait probablement pas que ce mot était composé de *ni* et de *hilum*, surtout après la contraction de *nihilum* en *nihil* ou *nil*.

3° Cela peut arriver enfin par une altération phonétique de la forme primitive. J'en vais citer un exemple. Je ne crois pas qu'on ait donné jusqu'ici l'étymologie du grec Τάρταρος, le Tartare. Le fait que ce mot n'a de correspondant dans aucune autre langue de la famille, amène à penser que ce doit être un mot altéré. Il y a des altérations phonétiques régulières, par exemple celle d'une consonne forte en son aspirée. C'est ainsi que la lettre *p* devient régulièrement dans le germanique un *f*. Il y en a aussi de moins régulières et pourtant certaines, par exemple une gutturale changée en dentale. C'est ainsi que le τ grec est souvent une altération du κ (*k*, *c* ou *qu*). Τίς répond au sanscrit KI ou KAS, latin *quis* ; τέτταρες, au sanscr. KATVARAS, *quatuor*; πέντε, à PANKAN, *quinque;* la particule τε, primitivement κε, à KA, lat. *que*, (Bopp. gloss. p. 128); etc. Ces exemples prouvent que les τ de Τάρταρος pourraient bien être mis pour des κ, ce qui donnerait Κάρκαρος. Ce mot existe en gothique sous la forme *karkar*, allemand *kerker*, et en latin sous la forme *carcer*. Le mot κάρκαρος qu'on voit dans les dictionnaires grecs, y est donné comme la transcription grécisée du latin *carcer;* κάρκαρος est étranger au vocabulaire grec, comme τάρταρος l'est à celui des autres langues. Enfin nous ferons remarquer qu'au mot Τάρταρος, on donne pour traduction : 1° Tartare, 2° sous forme dubitative, cachot (sens du goth. *karkar* et du lat. *carcer*). Nous sommes donc pleinement autorisé à soutenir que ce terrible Tartare ne signifiait dans l'origine qu'un cachot. D'où vient l'idée de terreur qui s'attache à ce nom? De l'oubli de son sens primitif, et cet oubli a été favorisé par l'altération phonétique qui a fait prononcer Τάρταρος au lieu de Κάρκαρος.

Quant aux flexions et aux suffixes, qu'étaient-ils dans l'origine? De véritables mots qui s'employaient isolément; ils n'ont pris le caractère qu'ils ont aujourd'hui qu'à partir du moment où la valeur des mots représentés par eux ne fut plus distinctement connue. Dès lors les suffixes (pour les flexions je fais mes réserves) ont puissamment agi pour faire oublier le sens primitif des mots auxquels ils s'ajustaient, je n'en disconviens pas; mais cette influence est due non pas précisément à eux-mêmes, elle est due à la facilité plus grande, résultée de leur emploi, pour faire oublier le sens primitif du mot. Il est essentiel de faire cette distinction : car il en sort une conclusion d'une extrême importance, qui est directement opposée à celle que l'auteur a tirée de l'emploi des flexions et des suffixes. Cette conclusion, la voici : Si ces particules ont contribué à faire oublier le sens primitif du mot auquel elles s'étaient incorporées, en revanche elles sont le moyen le plus sûr de nous faire retrouver le sens primitif de ce mot. Et cela pour deux raisons : 1° parce que la dérivation et la composition permettent l'analyse, c'est-à-dire, la décomposition d'un mot en ses éléments primitifs. Or si l'on parvient à retrouver les éléments primitifs dont le mot est composé, on aura par là même le sens primitif de ces éléments avant leur combinaison : car dès que la composition a été faite et que le mot composé a eu une signification arrêtée, les éléments qui y entrent se sont trouvés comme pétrifiés, et dans cet état de pétrification, quelque variées que soient les formes nouvelles données au composé, quelque éloignés de l'origine qu'en soient les sens nouveaux, il sera toujours possible d'en retrouver le sens primitif; il n'y aura pour cela qu'une chose à faire : le résoudre par l'analyse en ses éléments.

2° La seconde raison pour laquelle le système agglutinatif permet de retrouver plus sûrement le sens primitif des mots, c'est la fécondité de ce système, qui, comme l'éminent professeur va le dire, est réellement prodigieuse. Comme, grâce à cette fécondité, le même mot se trouve, diversement combiné, dans un grand nombre d'expressions, on arrivera par l'examen de ces expressions à constater le sens du mot dont elles dérivent : tous ces rejetons sortis d'une même racine se serviront mutuellement de contrôle. Il sera possible que le mot primitif, augmenté seulement des flexions verbales, ait fait du chemin, et pris successivement des sens nouveaux qui auront fait tomber le premier en désuétude. Une fois arrêté à l'un de ces sens nouveaux, il aura pu former des dérivés. Mais rien n'empêche qu'il n'ait formé aussi des dérivés pendant qu'il en était encore à son premier sens. L'examen de ceux-ci donnera alors naturellement la mesure pour constater le chemin parcouru.

Pour mieux faire comprendre ces choses un peu abstraites, prenons un exemple. Le sanscrit a la racine AN qui signifie *spirare*, souffler. De là vient AN-ILA, vent; de là aussi en gothique *us-ana*, j'expire, le vieil allemand *un-st*, tempête; en grec ἄν-εμος, souffle; en latin, *animus*. Mais à cette même racine est rattaché le sanscrit AN-AS, qui signifie char, *currus*. Le mot correspondant à ANAS, en latin, est *onus*, fardeau, ce que l'on transporte. On comprend qu'*onus* ait pu être rapproché de ANAS, et il l'a été en effet. En grec, la transcription exacte de ANAS serait ὄνος, qui signifie âne. Je ne sache pas qu'on ait encore rapproché ὄνος de *onus* et de ANAS. Cette étymologie me semble en tout cas plus acceptable que celle qui voit, je ne puis deviner comment, un rapport entre ὄνος et *asinus*. Son vrai sens serait donc *animal qui transporte, bête de somme* : ce qui ne serait pas plus étrange que le sens de *jumentum*, bête de somme, restreint par nous au cheval (jument). L'un des noms de l'âne, en italien, est *somaro* (bête de somme).

Mais quand même *onus* et ὄνος n'auraient rien à faire ici, toujours est-il que ANAS, *currus*, qui se rattache à la racine AN, suppose à cette racine un sens autre que celui de souffler. Ce serait, par exemple, celui de courir ou de porter, en un mot, celui d'un mouvement. On ne comprend pas bien comment le sens de souffler aurait produit celui de porter ou de courir. On comprend facilement au contraire que de l'idée de mouvement on soit arrivé à celle du souffle, qui n'est autre chose que l'air mis en mouvement. Il peut même se faire que les mots ἄνεμος, *animus*, dont les finales μος, *mus*, sont des terminaisons passives, se rattachent directement à la racine AN signifiant se mouvoir, s'agiter et veuillent dire « la chose mue, la chose agitée. » D'autre part, le sens de souffler est le plus récent de la racine AN, puisqu'il est le seul qu'on lui connaisse. Nous pouvons donc conclure que le sens primitif de AN est celui du mouvement. Ce n'est qu'après cette recherche préliminaire du sens de AN dans les langues indo-européennes qu'il conviendra de le comparer avec les langues des autres familles ; sans cela on risquera de ne trouver aucun rapport entre des racines qui étaient primitivement la même racine. Il serait surprenant, en effet, que cette racine unique se fût développée partout absolument de la même façon. Qu'on essaie de comparer la racine sanscrite AN avec les racines AN des autres langues. Qu'on la compare, par exemple, avec l'hébreu AN. Avec le sens de souffler on n'ira pas loin. Mais si on reconnaît à AN la signification première de mouvement, on comprendra sans peine que l'hébreu AN signifie *appropinquavit, obviam fuit, adfuit.* On comprendra peut-être aussi que les anciens Égyptiens aient donné au singe le nom de ANI, comme étant l'animal qui s'agite, qui gambade. Ils l'appelaient aussi KAFU, ou KAPU qui est évidemment le même mot que le sanscrit KAPA et le grec κῆπος. Or KAPA vient de la racine KAP (Bopp, *Gloss.*) qui signifie s'agiter, et à laquelle je rattache aussi le grec κάπρος et le latin *caper* et *capra*.

Je n'ai pas la prétention de donner comme absolument certaines les affinités du sanscrit AN et des mots étrangers auxquels j'ai fait allusion. La science n'est pas encore assez avancée pour permettre, à ce sujet, autre chose que des conjectures plus ou moins plausibles. Ces exemples doivent seulement servir à mieux faire comprendre la proposition qu'ils développent, savoir que la dérivation et la composition des langues du système agglutinatif sont le plus sûr moyen de retrouver le sens primitif des mots.

Dans le système monosyllabique, il est au contraire plus difficile à retrouver, parce qu'on n'y a pas à sa disposition le même moyen de contrôle. Il est donc plus raisonnable de chercher ce sens d'abord dans les langues à agglutination, pour le comparer ensuite à celui des langues monosyllabiques. Il se trouve précisément que la plus ancienne langue dont on ait des monuments, l'égyptien, est agglutinative. Or, dans les langues de ce système, tous les substantifs dont on est parvenu à connaître l'étymologie se rattachent en définitive à une racine verbale. Ceux qui, à diverses époques, ont fait l'analyse des deux principaux représentants des idiomes à flexions (le sanscrit et l'hébreu), se rencontrent en ce point. On ne peut pourtant pas dire que ces analystes du langage se soient donné le mot.

Le sens primitif des racines était donc quelque chose de général. Ce résultat, fourni par l'analyse des langues agglutinatives, n'est pas infirmé par l'examen, encore incomplet, des mots des langues monosyllabiques. « Ces mots sont à la fois substantifs et verbes; *ils expriment la notion, l'idée, indépendamment de l'emploi du mot,* et c'est la manière dont ce mot est mis en relation avec d'autres mots, qui indique son sens catégorique dans la phrase (Lenormant, 1er vol., p. 115). »

L'auteur ajoute : Il n'est pas vraisemblable que dans la période monosyllabique il n'y eût pas encore de termes pour désigner le soleil, le tonnerre, la flamme. Mais du moment que ces mots sont entrés en contact avec les éléments pronominaux pour former des verbes, leur sens est devenu plus fluide, et ils se sont résolus en racines signifiant briller, retentir, brûler.

Il n'est pas vraisemblable en effet, et je ne crois nullement que dans la période monosyllabique il n'y eût pas encore de termes pour désigner le soleil, le tonnerre, la flamme. Mais il n'était pas nécessaire que ces mots entrassent en contact avec les éléments pronominaux pour en former des verbes et leur donner le sens plus fluide en question, puisque le chinois, qui est encore monosyllabique, sait parfaitement exprimer les idées de briller, de retentir, de brûler. Qui ne voit, du reste, que l'auteur fait ici une pétition de principe? La question est précisément de savoir si le soleil, le tonnerre, la flamme ont conduit aux idées générales de briller, de retentir, de brûler, ou si ces idées générales ont donné naissance aux appellations substantives correspondantes.

« Le jour où commença le système agglutinatif de nos » langues, un instrument d'une puissance extraordinaire était » créé. Il devait avoir un double effet: 1° transformer en *ra-* » *cines* tous les mots qui étaient pris dans ses engrenages; » 2° faire peu à peu tomber dans l'oubli, comme superflus, » comme obscurs ou comme surannés, la plus grande partie » des mots qui n'étaient pas saisis par ce mécanisme. Ce qui » caractérise, en effet, ce système, c'est sa grande fécondité : » à l'aide des suffixes, une seule racine verbale met au » monde un nombre considérable d'adjectifs et de substantifs, » qui souvent prennent des sens fort éloignés les uns des » autres. Qu'on songe seulement aux rejetons de la racine » MAN, penser, comme *memini, mens, monere, Minerva* et » tant d'autres. Il est telle racine dont M. Pott, dans son » *Dictionnaire étymologique*, n'épuise pas en 150 pages les » innombrables dérivés. Les monosyllabes appelés au rôle de » racines sont donc comme une espèce prolifique et pullulante » qui limitait l'espace et entravait l'existence des autres mots, » restes de la période anté-grammaticale. »

La fécondité de nos racines est chose connue. Voici la remarque que nous ferons sur la conclusion.

Ce qu'il y a d'abord à faire quand on a imaginé une hypothèse, c'est d'examiner si les faits la confirment. Mais M. Bréal n'apporte en confirmation de la sienne que des hypothèses nouvelles. La nouvelle hypothèse renfermée dans ce paragraphe est celle-ci : La plus grande partie des mots primitifs qui, au moment où commença le système agglutinatif, n'étaient pas saisis par les engrenages de ce nouveau mécanisme, furent gênés par l'abondance des dérivés issus des autres mots primitifs, et peu à peu tombèrent dans l'oubli.

L'auteur *suppose* donc qu'une partie des mots usités avant la période anté-grammaticale n'entrèrent pas dans le système agglutinatif. C'est là une hypothèse gratuite et les observations suivantes la montreront improbable.

Les mots primitifs ont été des monosyllabes : cela est évident pour les langues dites monosyllabiques. Pour les autres, on sait que toutes les racines sont monosyllabiques aussi ; il n'y a de difficulté que pour les racines sémitiques dont la forme complète, selon les grammairiens hébreux, est dissyllabique. Mais depuis longtemps déjà on soupçonne que ces dissyllabes cachent une forme plus simple, parfaitement transparente pour un grand nombre, et systématiquement allongée pour les autres. Ce qui le confirme, c'est que « les langues nilotiques (ou égyptiennes) présentent les racines dans un état plus ancien, antérieur au travail, sous bien des rapports tout artificiel, qui les amena dans les langues sémitiques à une forme invariablement dissyllabique. » (Lenormant, I, 125) (1). On peut donc admettre que les mots primitifs ont été des monosyllabes.

Mais les monosyllabes ne peuvent pas être innombrables. On dit qu'en chinois, où leur existence n'est cependant pas

(1) Je cite M. Lenormant comme historien résumant fidèlement les doctrines des égyptologues les plus distingués, tels que MM. de Rougé, Maspéro, Chabas, etc.

menacée par la surabondance des mots dérivés, il n'y en a guère plus de trois cents, quoique d'autres en portent le nombre à douze cents. Les formes possibles d'un monosyllabe, c'est-à-dire, permises par la prononciation, varient entre 500 et 1000, en ne prenant que les trois voyelles a, i, u, seules voyelles primitives. Or qu'on ouvre le vocabulaire des racines sanscrites, et qu'on y constate les vides résultant de la prétendue élimination dont on nous parlait tout à l'heure. Les formes monosyllabiques possibles s'y trouveront présentes avec un nombre si minime d'exceptions, compensées encore par d'autres formes ailleurs inusitées, que l'on peut dire en vérité qu'elles y sont toutes. Mais si elles y sont toutes, que doit-on penser de l'affirmation d'après laquelle « plus grande partie des mots qui n'étaient pas saisis par le mécanisme agglutinatif, tombèrent peu à peu dans l'oubli et disparurent ? »

« Il faut ajouter que les mots nouvellement formés avaient » l'avantage de la clarté, puisqu'ils contenaient à leur base » l'idée d'une action. »

J'avoue ne pas comprendre comment ces mots nouvellement formés étaient plus clairs par cela même qu'ils contenaient l'idée d'une action. Du reste, ceci importe peu. Il est probable que quand les Chinois veulent parler de manière à se faire comprendre, ils peuvent le faire tout en manquant de ces mots nouvellement formés.

Après l'hypothèse précédente, que nous avons combattue, l'auteur conclut, comme s'il avait prouvé quelque chose, dans les termes suivants :

« On ne sera donc pas surpris que ces 4 ou 500 racines » aient pu dévorer en quelque sorte ce qui, à côté d'elles, » restait de la période antérieure, sauf un certain nombre de » mots qui, grâce à des circonstances particulières, ont su » se défendre et se maintenir. »

Cette conclusion ayant la même valeur que l'hypothèse qui l'a fournie, nous ne nous y arrêterons pas. Quant à ces mots qui, grâce à des circonstances particulières ont pu échapper à la voracité des dérivés verbaux et arriver, bien portants, jusqu'à nous, l'auteur va revenir à eux dans un instant, et nous y reviendrons avec lui.

« Nous ne prendrons donc pas pour les premières créa-» tions de la parole humaine des syllabes qui sont probable-» ment le résidu de nombreuses évolutions antérieures. »

Voilà qui est un peu lestement conclu. Nous ne prendrons donc pas... Et pourquoi pas? Parce que ces mots sont probablement le résidu de nombreuses évolutions antérieures. Et sur quoi est fondée cette probabilité? L'auteur ne juge pas à propos de nous le dire. Nous attendrons qu'il s'explique pour essayer de montrer que cette probabilité n'est qu'une hypothèse peu probable. Ce qui ne l'empêche pas de conclure de la manière la plus affirmative : nous ne prendrons donc pas, etc. Avec tout le respect dû à un savant aussi distingué que M. Bréal, je le demande, de quelle valeur scientifique peut être un tel échafaudage d'hypothèses?

Mais voici que nous allons sortir enfin des hypothèses et voir des faits destinés à les confirmer.

« Pouvons-nous espérer de percer le voile qui nous dé-» robe les mots employés avant la formation de notre sys-» tème grammatical? Je crois qu'en s'y appliquant, on peut » encore apercevoir quelques vestiges de la période précé-» dente. Il faut d'abord chercher, parmi les racines verbales, » celles qui ont conservé en leur signification quelque trait » caractéristique qui trahisse leur ancienne nature de sub-» stantif. »

Naturellement cet examen suppose que les racines verbales ont été d'abord des substantifs. Il ne faut pas perdre de vue que les exemples qui vont être cités sont les preuves, les seules preuves de cette hypothèse.

« Ainsi les grammairiens indous placent parmi les nom-» breuses racines signifiant aller la racine SARP; mais » quand on voit que SARP a donné en latin *serpens*, le ser-» pent, en grec ἕρπω, je glisse, en sanscrit SARPA, serpent, » on peut conjecturer que les reptiles avaient depuis long-

» temps quelque nom approchant, et que la racine SARP doit » à cette origine la fonction spéciale de désigner une marche » rampante. »

Il faut croire que cet exemple est le meilleur que l'auteur ait pu trouver. De notre côté nous serions peut-être embarrassé d'en trouver un meilleur pour renverser sa thèse. La simple inspection de ces noms du serpent ne montrent-elle pas évidemment un mot dérivé? Quel est le latiniste qui ne voie du premier coup que le latin *serpens* n'est pas autre chose que le participe présent du verbe *serpo*, ce qui suppose nécessairement à ce mot un caractère attributif, c'est-à-dire, une qualité générale attribuée d'une manière spéciale à tel être auquel elle s'applique. De même, dans le sanscrit SARPA, l'A final est un suffixe qui a à peu près la même valeur que le participe présent. Il n'y a qu'à prendre un exemple au hasard : KSHUR signifie couper, KSHURA signifie couteau, c'est-à-dire ce qui coupe. SARPA signifie donc ce qui se meut, l'être ou l'animal mobile. En sanscrit il ne signifie pas autre chose; car le sens de SARP est simplement *se mouvoir*, *aller*. L'auteur a l'air de mettre sur le compte d'un caprice des grammairiens indous le sens d'*aller*, qu'ils donnent à SARP. Cela serait à la rigueur acceptable si SARP était une racine isolée qui n'aurait pas poussé de rejetons et si ces rejetons ne se levaient pas pour protester contre la marche rampante attribuée à leur origine. Il serait étrange, en effet, que si, dans l'origine, SARP avait contenu l'idée de marche rampante, il n'en fût pas resté quelque trace dans ses composés. Or parmi les nombreux mots composés qui en sont sortis, il n'en est pas un seul où l'on retrouve l'idée de ramper.

De plus, sur le verbe ἕρπω, dont le sens vulgaire est se glisser, le premier dictionnaire venu remarque que dans la langue des poètes, c'est-à-dire, comme l'on sait, à une époque antérieure, il signifiait simplement aller, se mouvoir. Quant au latin *serpo*, il n'a plus que le sens de ramper.

Ainsi la racine SARP, en latin, c'est-à-dire, dans le dernier venu des idiomes classiques, signifie ramper; en grec, c'est-à-dire à une époque plus reculée, elle signifie ramper et, plus primitivement, aller, se mouvoir; enfin en sanscrit, c'est-à-dire dans le plus ancien de ces idiomes, elle signifie uniquement aller, se mouvoir.

Si de cette comparaison, qui nous permet si bien de suivre les diverses étapes de cette racine SARP, il ne résulte pas que dans l'origine elle avait le simple sens d'aller, se mouvoir, on se demande à quoi sert la philologie comparée.

Ce que nous venons de dire est confirmé encore par l'examen des autres familles de langues. En hébreu, par exemple, la racine SARP se présente sous la forme SARAP ou SARAPH. Elle signifie 1° absorber, engloutir; 2° s'élever, être distingué, être prince, briller (ce qui a donné le mot séraphin), d'où brûler (comme en allemand *brennen*, brûler, a signifié d'abord briller, ce qu'on voit par l'ancien allemand *brinnan*, briller, et par le nom propre *Brennus*, l'illustre, le chef). La preuve que SARAPH correspond à SARP, c'est que ce même mot SARAPH, comme substantif, signifie serpent. Quant à l'origine de ce substantif, qui n'est pas le nom ordinaire du serpent, les uns pensent qu'ils est emprunté à une autre langue; ceux qui le croient indigène le rapportent au verbe SARAPH dans le sens d'absorber, d'engloutir. Mais cela ne nous importe pas. Ce qui nous importe, c'est d'examiner les sens de la racine SARAPH. Laissons de côté celui d'absorber qui correspond évidemment au latin *sorbeo*, grec ῥοφέω. Il nous reste celui de s'élever (se distinguer, et le reste qui ne fait que continuer la même idée). Puisque SARP et SARAPH sont la même racine et que cette racine a fourni d'un côté le sens de s'élever, d'un autre celui de ramper, il est clair que le seul moyen d'expliquer ces mouvements opposés, est de les rattacher, comme point de jonction, au troisième sens que cette racine a fourni, au sens à la fois plus général et historiquement antérieur du mouvement, dont ensuite l'usage a de part et d'autre fixé la direction.

On sait, en effet, par d'innombrables exemples nullement équivoques, avec quelle facilité l'usage, en s'emparant d'un verbe ayant le sens général d'*aller*, fait plier ce sens général à une signification particulière qui indique le genre du mouvement. Par exemple, la racine TRAH signifie (sous la forme sanscrite TRAKSH) aller, se mouvoir ; en gothique, elle est devenue courir *(thrag-jan)* ; mais l'allemand a conservé sa signification première, dans le sens actif, sous la forme *trag-en*, porter. Ce même sens actif est celui du latin *traho*, tirer, que nous avons particularisé en en faisant le verbe *traire*. En grec la même racine est τρέχω, courir, d'où vient τρόχος. On chercherait vainement dans les divers sens de τρέχω l'idée du mouvement circulaire qui se trouve dans τροχός, roue et tour. L'allemand *steigen*, employé tout seul, se traduit par monter ; mais il n'a eu certainement d'abord que le sens d'aller, comme le prouve le composé *hinab-steigen*, descendre (= aller en bas), et son correspondant στείχω, sanscrit STIGH, aller. La racine sanscrite SAL, aller, a donné l'hibernien *silim*, couler ; le lithuanien *selu*, ramper ; le latin *salio*, grec ἄλλομαι, sauter ; le gothique *saljan*, entrer ; l'espagnol *salir*, sortir.

Ces exemples qui pourraient être multipliés indéfiniment, montrent avec quelle facilité l'usage plie à des formes particulières l'idée générale du mouvement. Il n'y a donc pas lieu de s'étonner que la racine SARP, aller, ait produit d'une part le verbe s'élever, de l'autre le verbe ramper. On peut croire que SARPA une fois formé et appliqué au serpent, a agi sur le développement ultérieur de la racine SARP. Mais la conjecture d'après laquelle le substantif SARPA aurait donné naissance à la racine verbale SARP, qui aurait d'abord signifié ramper, et dont ensuite on aurait tiré la signification plus générale d'aller, cette conjecture, pour les raisons que nous avons apportées, est tout à fait insoutenable.

Ce que nous avons dit sur SARP nous paraît indiscutable. Parmi les nombreuses considérations qui, sur ce sujet, se pressent encore sous notre plume, nous ne donnerons que la suivante. Elle ne fournira qu'une probabilité ; mais ce caractère suffirait déjà à lui seul à contrebalancer une proposition que l'auteur lui-même se propose que comme une « conjecture. »

Ce que nous voulons dire, c'est que cette racine SARP, que M. Bréal fait venir du substantif SARPA, pourrait très-bien n'être pas une vraie racine, mais la forme altérée d'une autre racine. En effet, M. Bréal, auquel nous devons l'admirable traduction de la grammaire de Bopp, doit se rappeler ce qui y est expliqué au n° 466 et suiv., savoir que quand une racine finit par la lettre P, cette lettre peut n'être qu'une adjonction, comme, dit-il, cela arrive souvent dans les formes causatives. Parmi la soixantaine de racines finissant par P, il en est quelques-unes desquelles il est certain qu'elles sont altérées d'après ce principe. Par exemple, sur la racine GNAP, Bopp dit dans son Glossaire : « Cette syllabe donnée comme racine par les grammairiens n'est autre chose que le causatif de la racine GNA. Pour le plus grand nombre des autres, la même proposition peut se soutenir avec plus ou moins de probabilité. Ainsi ce savant pense que GÊP pourrait bien venir de GA ; VAP (et par conséquent VIP) de VA ou VÊ, DHUP de DHU, etc. Nous ne poursuivrons pas cette étude sur toutes les racines terminées en P. Nous nous bornerons à celles terminées en RP. On conçoit que cette accumulation de consonnes augmente les chances pour l'addition de P. On comprend aussi que le sens de la racine supposée allongée et celui de la racine primitive doivent concorder parfaitement.

Or voici toutes ces racines : ARP, DARP, KARP, TARP, SARP, SURP.

1° Eliminons d'abord SURP (metiri) qui, au premier coup d'œil, paraît une forme allongée, et qui peut venir de SUR, lequel vient de SAR (partager), comme GURV (occido) vient de GUR (occido, contero), qui lui-même vient de GAR (contero).

2° ARP est, aux yeux de Bopp, certainement dérivé de AR.

3° Les sens de DARP concordent avec ceux de DAR.

4° Sur KARP voici ce que dit Bopp : « KARP pourrait bien venir de KAR, avec addition de P, comme dans les formes causatives. » (Gloss. p. 76.)

Sur quoi il est bon de remarquer que les sens de KAR et de KARP sont pourtant bien éloignés, KARP signifiant *avoir pitié,* et KAR signifiant simplement *faire.* A bien plus forte raison sommes-nous autorisé à appliquer le principe quand le sens a un rapport évident, considéré soit dans les racines elles-mêmes, soit dans leurs dérivés. Celles que nous avons citées sont dans ce cas ; la même chose a lieu pour TARP (ou TRAP) par rapport à TAR.

Reste donc notre SARP. D'après ce qui précède nous devons nous attendre à trouver une racine SAR ayant le même sens. C'est en effet ce que nous trouvons : SARP, ire ; SAR, ire.

Mais si SARP n'est pas une vraie racine, si ce n'est qu'une altération de la racine SAR, tout l'édifice élevé par M. Bréal sur SARPA croule par la base. Car de serpent, dans la racine SAR, on n'en voit pas trace.

Ce qui est surprenant, c'est qu'en hébreu le même phénomène s'est produit. Pour la racine SAR vous trouverez exactement la même traduction que pour SARAPH.

Cette coïncidence entre deux langues qui étaient originairement une même langue pourrait donner lieu à des considérations intéressantes, que nous n'avons pas à développer ici.

Continuons :

« Mais non seulement certaines racines laissent encore, en » leur acception, transparaître le personnage qu'elles repré- » sentaient dans une existence antérieure : » — nous avons vu ce qu'il en est de ce personnage et de sa métempsychose — « il s'est conservé des substantifs qui ne s'expliquent par » aucune racine verbale, et qui sont comme les débris restés » debout d'une génération éteinte ou transformée. Les ancêtres » de la race indo-européenne n'ont pas absolument renouvelé » leur vocabulaire. Si étendue que soit l'influence des révolu- » tions, l'homme ne renonce jamais tout à fait à l'héritage de » ses ancêtres.

« C'est parmi les idées les plus simples et les objets les » plus familiers que nous devons nous attendre à trouver ces » survivants. Tels sont les différentes parties du corps, comme

» PAD, le pied, NAS, le nez (sanscrit NASA), DANT, la dent, » KARD, le cœur. Aucune étymologie plausible de ces noms » n'a pu être donnée. Il faudra encore chercher parmi les » noms d'animaux, comme GAUS, le bœuf, KVAN, le chien; » ces animaux s'appellent encore aujourd'hui des mêmes » noms et l'on n'avait probablement pas attendu pour les » nommer ainsi, la formation de notre système grammati- » cal. Quelques produits de la civilisation et de l'industrie » humaines semblent protester également contre l'âge trop » récent qu'on leur attribue en les voulant expliquer par nos » racines verbales; je citerai DAM, la maison, DVAR, la porte, » sans compter quelques termes abstraits qui représentent » les premières conquêtes de la moralité humaine, comme » RA, la propriété, JAUS, le droit. »

Nous nous plaisons à rendre hommage au beau style par lequel débute ce paragraphe et qui règne du reste dans tout ce discours. Nous ne prétendons, d'ailleurs, pas plus que l'auteur, que nos ancêtres aient renoncé entièrement à l'héritage de leurs pères, en rompant brusquement avec tout le passé et se refaisant de toutes pièces une langue nouvelle.

Quant à son argumentation, elle se réduit à ceci : l'origine de tel et tel nom est encore inconnue; nous devons donc supposer que ces noms sont primitifs et ne se rattachent à aucune racine verbale. On avouera que c'est là raisonner d'une manière peu satisfaisante. Il faudrait dire au contraire : Tous les noms dont on est arrivé jusqu'ici à connaître l'étymologie, se rattachent, en définitive, à une racine verbale : donc nous pouvons supposer que ceux dont l'étymologie est encore inconnue sont dans le même cas. Ce raisonnement, conforme à la raison et à la science, suffit largement à renverser celui de l'auteur. Il faut être bien à court de preuves pour se rejeter sur des mots d'origine obscure et pour échafauder ainsi un système basé sur l'inconnu.

Nous ferons remarquer d'abord que l'auteur s'adresse mal en allant chercher « ces survivants parmi les idées les plus simples et les objets les plus familiers. » Car ces mots présentent le double inconvénient de se remplacer facilement par d'autres, et, s'ils parviennent à se maintenir, de s'altérer beaucoup par l'usage.

Je dis qu'ils se remplacent très-facilement. Ainsi, vous chercheriez vainement parmi les autres familles de langues à agglutination les correspondants de PAD, NAS, DANT, KARD... Et pour ces quelques mots qui, dans la famille indo-européenne, se sont maintenus, on en citerait une quantité d'autres qui se sont remplacés. Par exemple pour le mot *homme*, nous avons le sanscrit NARA, le grec ἄνθρωπος, l'allemand *mann* ; notre *tête* est en sanscrit KARA, grec κεφαλή, latin *caput*, breton *pen* ; notre *jambe* est en grec σκέλος, latin *crus*, allemand *bein*, anglais *leg*, breton *gar* ; notre main : χείρ, allemand *hand*, hibernien *cib*, etc., etc.

Je dis que ceux qui se maintiennent s'altèrent beaucoup par l'usage. Les mots les plus usités sont par là même plus facilement altérés. C'est ainsi que le verbe *être*, le plus usité des verbes, est aussi le plus irrégulier, c'est-à-dire, le plus altéré, dans toutes les langues. S'il n'était resté de ce verbe en latin que la 1re personne *sum*, il est probable qu'on n'aurait guère osé affirmer qu'il est identique à εἰμί et que sa racine est AS ou ES. Mais comme ce verbe a plusieurs formes, par exemple *es, est, estis, esse,* dans lesquelles la racine *es* reparaît, et que la même racine se retrouve dans le grec ἔστι, ἔστε, ἦσαν, ἔσομαι, etc., et dans le sanscrit AS-MI, AS-TI, etc., on a pu arriver à découvrir la vraie racine AS (ou ES) et conclure avec certitude que *sum, sunt*, etc., est pour *es-um, es-unt*, *eram* pour *esam*, *ero* pour *eso*, etc. On conçoit, d'après cela, que les substantifs, qui n'ont pas des formes aussi variées que le verbe, offrent bien moins de ressources à l'investigateur de leur racine, une fois qu'ils se sont altérés. Mais quelque altérés qu'ils puissent être, il ne faut pas que la science désespère de pénétrer un jour ou l'autre le secret de leur formation, et alors, nous pouvons l'affirmer sans crainte, on verra pour eux ce qu'on a vu pour les autres, savoir qu'ils sont issus d'une racine verbale.

Nous ne résistons pas au plaisir d'offrir ici, ne fût-ce que pour un seul mot, notre contingent, en ce qui concerne les racines encore ignorées. Nous donnerons l'étymologie du mot *insula*. Les deux explications qu'on en a données sont 1° *in solo*, 2° *in salo*. La première (*in solo*, dans le sol) nous paraît très-peu sensée ; la 2ᵉ (*in salo*, dans la mer) n'est appuyée sur aucune forme analogue : il est impossible, philologiquement parlant, de s'expliquer comment *in salo* aurait donné *insula*. Voici notre explication.

Nous supposons que la terminaison *ula* est ici, comme dans un grand nombre d'autres substantifs, une finale diminutive de quelque mot qui serait *insa* ou *insus*. Ce primitif ne nous avance pas encore ; mais nous sommes autorisé à penser que dans la première syllabe il pourrait y avoir un renversement et que *insus* pourrait être mis pour *nisus*. Ce fait s'est produit certainement pour *ungula*, qui est mis pour *nugula*, comme le prouve le sanscrit NAKHARA, l'allemand *nagel*, etc. Que les latins aient dit d'abord *ungula*, en commençant par renverser *nugula*, ou qu'ils y soient arrivés par élimination, en disant *unugula*, puis *ungula* (comme les Allemands pour *ente*, canard, en vieil allemand *anela*, avec *a* prosthétique pour *nela*, qui est le grec νῆττα, canard, littér. le nageur, de νέω, nager) : l'une ou l'autre alternative nous importe peu, le résultat est tout à fait le même et nous donne *nisus*. Quand maintenant on se rappelle qu'en grec une île se dit νῆσος, et que la transcription exacte de νῆσος en latin est *nisus*, on ne peut s'empêcher d'être frappé de la ressemblance et de reconnaître à notre étymologie un haut degré de probabilité pour le moins. Νῆσος est rattaché aussi au verbe νέω, en sorte que *insula*, serait « la flottante. »

Le même fait s'est produit pour le mot *infula* (bandeau couvrant la tête du prêtre et des victimes), dont l'étymologie est encore ignorée. Pour moi, *infula* est évidemment le même que le grec νεφέλη, qui signifie 1° nuage, 2° réseau, filet. Quant à la racine de νεφέλη, la voici, à mon avis. Νεφέλη est une forme particulière de νέφος, nuage (sanscr. NABHAS, *nubes*, etc.). Il y a, ayant le même sens, κνέφας et γνόφος ; le δ de δνόφος, qui existe aussi, me semble une altération du γ de γνόφος, comme il l'est dans δᾶ, mis pour γᾶ, ou γῆ, terre. Ces formes κνέφας et γνόφος nous amènent à penser qu'une gutturale est tombée devant νέφος, νεφέλη, etc., comme cela a lieu pour *natus (gnatus)*, *nomen* (pour *gnomen*), *nosco* (pour *gnosco*), et autres exemples connus dans les trois langues classiques. Ainsi rétablies, ces formes nous amèneraient à chercher une racine KNAPH ou GNAPH. Nous ne savons pas si ces racines ont laissé d'autres traces en sanscrit, en latin et en grec. Mais en hébreu nous les voyons parfaitement conservées toutes deux sont les formes GANAPH, la moins usitée, et KANAPH. KANAPH signifie couvrir, cacher, et a fourni le substantif KANAPH, 1° bord d'un vêtement, 2° aîle (comme étant ce qui couvre, de même que ἔλυτρον, élytre, signifie proprement tégument). Le verbe KANAPH, couvrir, cacher, rend très-bien compte des sens de νεφέλη : nuage et réseau, comme aussi de celui de *infula*, bandeau. On comprend mieux ainsi le mot *nubere*, se marier (littér., comme on sait, se voiler, prendre le voile, expression à laquelle l'usage a fait prendre un sens si différent).

Encore une remarque : la racine KAN a le même sens que KANAPH. Ce qui confirmerait de nouveau ce que nous avons dit sur l'addition de P dans SARP ou de PH dans l'hébreu SARAPH.

Il y a des savants qui, à ce qu'il nous semble, font assez peu de cas de la langue de la Bible. Nous croyons qu'ils ont tort. Pour des mots d'origine obscure on ne peut mieux faire que de recourir à une langue qui, à une certaine époque, était avec le sanscrit et ses frères une seule et même langue, qui s'est la dernière séparée de la famille indo-européenne et qui nous a été gardée par un peuple si connu pour son esprit de conservation. On ne s'étonnera donc pas de nous voir encore puiser à cette source.

Après cette digression, qu'on aura l'indulgence de nous pardonner, nous revenons aux noms cités par l'auteur, desquels « aucune étymologie plausible n'a pu être donnée. »

1° Pad (ou pada), pied. Tous les étymologistes font venir ce substantif du verbe pad, aller, et il nous semble difficile de trouver une étymologie plus satisfaisante que celle-là. Pourquoi pad (a) ne viendrait-il pas de pad aussi bien que angri, pied, vient de ang, aller?

2° Dant, dent. On a donné une étymologie qui nous paraît *très-plausible*. On le considère comme étant mis pour adant. Cette voyelle a est tombée en sanscrit, en latin et dans le germanique, tout comme elle est tombée dans le verbe être où l'on dit santi, *sunt*, *sind* (ils sont) pour asanti, *esunt*, *isind*; mais elle existe encore en grec dans le mot ὀδούς (radical ὀδόντ). La déclinaison de dant suit d'ailleurs, dans toutes ces langues, celle du participe présent. Aussi regarde-t-on simplement dant ou adant comme le participe présent de ad, manger (ἔδω, lat. *edo*, goth. *itan*). Il signifie donc « l'instrument qui mange, qui broie. »

3° Nas ou nasa, nez. En sanscrit nous trouvons seulement les deux racines nas, être recourbé, et nas, sonare. Mais la racine hébraïque nas nous offre une plus grande variété de sens : 1° fuir, ou activement faire fuir et sauver quelque chose, la mettre à l'écart; avec le sens de fuir le sanscrit nas (être courbé) est dans le même rapport que le latin *fugio*, grec φεύγω, avec la racine sanscrite bhug, allemand *beugen* (courber); avec le sens de sauver, mettre à l'écart, concorde le grec νόσφι (à l'écart, à la dérobée), dans lequel, comme on sait, la syllabe φι est la terminaison du datif (comme ἶφι, datif de ἴς); 2° porter, d'où nasua, *onus*, charge, fardeau; de là le sens de 3° se fatiguer, être malade, nasa, *aegrotare*, *aeger*, qui est dans un rapport évident avec νόσος, maladie, νοσέω, être malade); 4° élever ou s'élever (particularisation du 2° sens, comme *tollo*, porter et lever), d'où *a*) élévation, proéminence, étendard, *b*) plus particulièrement élever la voix (comparez le sanscrit nas, sonare), *c*) le pluriel nasim, vapeurs, qui aura pu conduire à l'idée de flairer tout comme l'allemand *Rauch*, vapeur, a donné *riechen*, flairer, sentir; 5° explorer, examiner, mot que l'arabe a dédoublé quant à sa signification, lui conservant d'un côté le sens d'examiner, et de l'autre le particularisant et lui attribuant celui de *flairer*, *odorer* (*odoratus est*).

On peut rattacher le substantif NASA, nez, à l'un ou à l'autre de ces divers sens; plusieurs lui conviennent : ce peut être « le recourbé, » du sanscrit NAS, recourber, l'idée de courbure ayant fourni le nom de plusieurs membres (sansc. BHUG, courber : BHUGA, bras et main ; allem. *beugen*, courber : *Bauch*, ventre, *Backe*, joue, etc.); ce peut être encore « le proéminent » ou « l'explorateur » ou enfin « l'odorant, le flairant. » On voit que ce mot n'est pas aussi isolé qu'on nous le représente, puisque, entre les divers sens *plausibles* qu'on peut lui attribuer; on n'a que l'embarras du choix. Mais quel que soit celui de ces sens qu'on lui attribue, il y en a toujours certainement un qui lui revient, ne fût-ce que celui de odorer, flairer, sémitique NASA, qui a avec le NASA sanscrit une ressemblance si évidente qu'il faut absolument fermer les yeux pour ne la point voir.

Les Hébreux, pour nommer le nez, y sont allés tout simplement : ils l'ont appelé AF, contraction de ANAF ou ANF (comme le prouve le redoublement au pluriel AFFIM pour ANFIM), lequel ANAF signifie *spirare*, et n'est qu'une forme allongée de NAF, même sens.

Si nous nous sommes étendu sur l'étymologie de ces premiers mots, on voudra bien ne pas oublier que c'est pure complaisance de notre part, pour répondre directement à des conjectures sans preuve aucune, contraires d'ailleurs aux données connues de la science, et auxquelles nous étions en droit d'opposer, jusqu'à preuve, une fin de non-recevoir. M. Bréal a trouvé plus commode d'émettre simplement ses affirmations et de laisser aux autres un travail en sens inverse de celui qu'il avait à faire lui-même. Mais comme nous n'avons pas l'intention de faire ici un dictionnaire étymologique, nous nous contenterons des détails précédents, et pour les mots suivants, sur lesquels nous pourrions en présenter d'analogues, nous nous bornerons à indiquer la racine dont nous les croyons issus.

4° KARD, cœur : racine KARD, bondir, trembler, s'agiter (grec κραδάω, κραδαίνω).

5° KVAN ou KUN, chien (grec κύν, *canis*) : racine KAN, crier, chanter (autres formes de cette racine en sanscrit : KVAN, CAN, KUN ; latin *cano ;* german *hahnen,* d'où *hahn,* coq, littér. « le chanteur »). Les Hébreux ont appelé le chien KELEB, de KALAB, aboyer, primitivement frapper, comme *plangere,* frapper, a donné *planctus,* gémissement, et notre mot *plainte.*

6° GAUS, bœuf : racine GA, aller, d'après Bopp ; ou plutôt GU (ou GAI, KU et KAI), crier. Cette dernière étymologie serait confirmée par l'hébreu GAUA, mugir (en parlant d'un bœuf). Il est une étymologie qui me sourit davantage, c'est une forme KA, grec χέω, signifiant verser, qui répond au mot égyptien KA. Ce mot désigne un étalon, il se dit plus spécialement du taureau puisque le signe hiéroglyphique de la syllabe KA est celui d'un taureau ; mais il signifiait d'abord, conformément au sens général de χέω, « le fécondant » comme le montre clairement un autre signe, très expressif, de la même syllabe KA. Que par la suite ce nom général du mâle, restreint ensuite à l'étalon, puis au taureau, ait été étendu au bœuf et à la vache (allem. *kuh,* angl. *cow,* vache), cela n'est pas plus surprenant que de voir le nom du taureau (VARSAS en sanscrit) devenir celui du veau en lithuanien, ou le nom du bélier (*berbex* ou *vervex*) devenir celui de la brebis.

Du reste GAUS a six sens fort différents : 1° *bos, taurus, vacca,* 2° *terra,* 3° *cœlum,* 4° *radius,* 5° *oculus,* 6° *sermo.* Prenez l'un quelconque de ces mots pour point de départ et montrez comment les autres en dérivent. Ce sera difficile. Il faut donc soit pour l'un, soit pour l'autre, soit pour tous, admettre quelque racine plus primitive. Par conséquent le mot GAUS, au moins pour quelques-uns de ses sens, n'est pas primitif ; il y aurait, par suite, à prouver qu'il l'est dans celui de *bœuf,* mais comme GAUS a six sens très-différents, il résulte de la simple inspection de ces sens qu'il y a cinq chances contre une pour qu'il ne soit pas primitif dans le sens de *bœuf;* de fait il ne l'est dans aucun.

7° DAM ou DAMA, maison : ce mot, dérivé de DAM, dont le premier sens est ajuster, régler (goth. *tam, decere,* sanscr. DAM, dompter, δέμω, construire), est aussi primitif que construction ou bâtiment par rapport à construire ou bâtir.

8° DVAR ou DVARA, porte : racine TVAR, aller, d'après Bopp. Cette forme a pour congénères TUR et TUR, d'où vient TORANA, porte; de plus TAR, traverser, fendre; DAR, fendre, d'où DARA (grotte, caverne). Par la comparaison de ces mots on voit que DVARA n'est autre chose qu'un passage ou une ouverture.

9° RA, que l'auteur traduit par propriété, et que Bopp traduit simplement par *res, divitiae, opes,* se rattache sans difficulté à la racine RA, donner, distribuer, que Bopp regarde, sans nécessité, comme une altération de DA, donner, diviser. RA serait donc ce qui est donné ou ce qui est la part de chacun.

10° JAUS, lat. *jus,* droit, est rapporté par les étymologistes à JU, joindre, lier. Cela n'est pas plus étrange que pour *fœdus,* qui, comme on sait, vient d'une racine signifiant *lier.*

M. Bréal trouve, dans ces derniers « termes abstraits, les représentants des premières conquêtes de la moralité humaine. » Nous n'avons pas à discuter ici, dans nos remarques purement philologiques, la valeur de cette nouvelle hypothèse. Si, dans la pensée de l'auteur, elle ressort de l'étude des mots-racines, on a pu voir qu'elle n'est pas appuyée sur un fondement bien solide. Ces premières conquêtes, trahies par RA et par JAUS, ne semblent pas, du reste, remonter bien haut, car les Hébreux n'avaient pas ces termes, d'où il parait résulter que les indo-européens les ont inventés, c'est-à-dire, forgés. C'est précisément, en effet, ce que nous prétendons : ils les ont forgés.

On pouvait s'attendre à ce que l'auteur, après ces mots

cités, ne manquât pas de citer encore comme argument final, les noms de nombre, d'une étymologie si obscure et si difficile, et de nous les présenter, en conséquence, comme des mots primitifs. Nous avons eu la curiosité d'examiner ces noms de nombre et de voir s'il ne serait pas possible de pénétrer le secret de leur formation et de les faire ainsi rendre un témoignage direct contre les affirmations de M. Bréal. Nous donnerons le résultat de nos recherches après avoir cité, sans interruption, le reste de son discours.

« Je viens maintenant à une série de mots que l'intérêt
» public dut défendre contre tout remplacement une fois qu'ils
» eurent été trouvés : ce sont les noms de nombre. Depuis
» plus de trente siècles, sauf quelques changements insigni-
» fiants, les langues de notre famille comptent de deux à
» cent par les mêmes mots, et elles continueront probable-
» ment à le faire aussi longtemps qu'elles dureront. Pour
» la même raison, nous devons penser que ceux qui créèrent
» notre système grammatical ont respecté les noms de nom-
» bre qu'ils trouvèrent en usage. A moins de supposer que
» l'homme ne savait pas compter de 1 à 10, il faut bien
» admettre que ces termes : DVA, TRI, KATUR, etc., sont
» antérieurs à la période où furent jetés les bases de notre
» grammaire. C'est donc une tentative bien risquée de cher-
» cher l'explication de ces termes parmi les mots restés en
» usage. Le seul rapprochement acceptable est celui qu'on
» a souvent fait entre le nombre dix (DACAN, *decem*), et les
» mots signifiant *doigts* (δάκτυλοι, *digiti*), si cette parenté
» existe, on peut en tirer deux renseignements : le premier,
» c'est que DAK ou quelque forme de ce genre a été, dans
» les langues indo-européennes, le plus ancien nom des
» doigts ou de la main ; le second, c'est que le nom de nom-
» bre *dix* n'a pas été pris dans une autre famille de langues :
» d'où la présomption pour la série des neuf nombres précé-
» dents qu'elle n'a pas été empruntée. Les coïncidences qu'on
» a souvent signalées avec la famille sémitique, où l'on a,
» par exemple, l'hébreu SHESH, six, SHEBA, sept, devraient

» dès lors être appliquées comme remontant à une période
» anté-grammaticale où les deux familles étaient encore
» confondues en une seule.

» Qu'il nous soit permis de citer ici quelques lignes qui
» n'ont pas été écrites par un linguiste, ni en vue d'une ques-
» tion de linguistique, mais qui n'en trouvent pas moins leur
» application : On raisonne trop souvent comme si le genre
» humain finissait et commençait à chaque instant, sans au-
» cune sorte de communication entre une génération et celle
» qui la remplace. Les générations, en se succédant, se mêlent,
» s'entrelacent et se confondent... Un peuple, à moins qu'il
» ne soit exterminé, ou qu'il ne tombe dans une dégradation
» pire que l'anéantissement, ne cesse jamais, jusqu'à un cer-
» tain point, de se ressembler à lui-même.

» C'est un des rédacteurs de notre code civil, c'est J. M. E.
» Portalis qui parlait ainsi, faisant allusion aux théories trop
» idéales de législation et de droit qui avaient eu cours de son
» temps. Nos linguistes ont quelquefois raisonné à la manière
» de ces théoriciens du 18e siècle, comme si, à un certain
» moment, rien n'avait survécu des âges précédents, et comme
» si le langage avait été créé en une fois et sur un modèle
» unique. Nous ajouterons quelques mots de G. de Humboldt,
» qu'il n'a pas écrits non plus en songeant à la question qui
» nous occupe, mais qui peuvent également s'y appliquer :
» Comme chaque langue reçoit sa matière première des
» générations précédentes, l'activité intellectuelle consistant
» à créer l'expression des idées est toujours tournée vers
» quelque chose qui est déjà là : elle ne produit pas, elle
» transforme.

» Pour des raisons analogues, nous ne saurions suivre ceux
» qui ont voulu trouver dans la contexture matérielle des
» racines et dans le son qu'elles rendent à notre oreille, un
» écho de l'impression que la nature extérieure a faite pour
» la première fois sur l'homme. Je ne songe pas à contester
» le rôle de l'onomatopée dans la formation du langage. Mais
» une réflexion aurait dû empêcher les philologues de trop

» s'engager dans cette voie. Si nous pouvons à peu près nous » représenter le son qu'avaient les racines dans nos langues » anciennes, la période monosyllabique est beaucoup trop loin » pour qu'un espoir de ce genre soit légitime. Et cependant, » dès cette période les racines avaient dû subir le frottement » des siècles : car il en est des mots comme de ces blocs de » rochers que les rivières, au commencement de leur course, » arrachent des montagnes et emportent avec elles ; déjà à » la moitié du voyage ils ont perdu toutes leurs aspérités, » et ils finissent par être ces galets ronds et polis que lave et » amincit sans cesse la mer. On commettrait donc une sorte » d'anachronisme en transportant dans ces âges lointains les » sons qu'avec le temps a pris notre langage. Si nous croyons » parfois entendre dans certains mots une imitation des bruits » de la nature, nous devrions nous rappeler que les mêmes » bruits, dans d'autres langues, sont représentés par de tout » autres sons, dans lesquels les peuples étrangers croient » également sentir des onomatopées : de sorte qu'il serait » plus vrai de dire que nous entendons les bruits de la nature » à travers les mots auxquels notre oreille est habituée depuis » l'enfance.

» Nous bornons ici ces considérations, qui nous ont été » suggérées par certaines théories où il semble que la ques- » tion des racines ait été confondue avec la question de l'ori- » gine du langage. Une appréciation plus vraie doit à la fois » étendre notre horizon intellectuel et limiter notre ambition » philologique. La création du système grammatical dont » nous nous servons fut une révolution qui plia à des usages » nouveaux la matière transmise par les âges antérieurs. Si » ce qui précéda ne se laisse entrevoir que par échappées, » on peut du moins affirmer que de longs siècles de parole se » trouvent par delà notre horizon linguistique. Il n'y a aucune » information directe à tirer des racines pour la question de » l'origine du langage. Les premiers balbutiements de l'homme » n'ont rien de commun avec des types phonétiques aussi » arrêtés dans leur forme et aussi abstraits dans leur signifi-

» cation que DHA, poser, VID, voir, savoir, MA, mesurer.
» L'erreur serait à peu près la même que si l'on voulait voir
» dans les anciennes monnaies grecques, d'un art déjà si
» avancé, d'un goût si exquis, le premier moyen d'échange
» inventé par les hommes. »

Nous avons dit que nous examinerions les noms de nombre ; voici le résultat de cet examen.

Il ne sera pas inutile de remarquer d'abord l'influence de l'usage sur la détermination précise du sens d'un mot. Il ne faut pas, par exemple, se figurer que dans l'origine le mot *mille* ait exprimé ce nombre exact que nous lui attribuons ; il n'a signifié que grande quantité (sanscrit MIL, amasser), aussi bien que χίλιοι (en hébreu CHIL : *robur*, *vis*, *fortitudo*, *copiæ*, *facultates*, *opes*), que μύριοι, dix mille (μυρίος, beaucoup), et que le sanscrit SAHASRA, mille (de SAHAS, force). De même, en français, la différence entre mille, million et milliard, vient uniquement de ce que l'usage en a fixé le sens, que certainement les finales, *on*, *ard*, n'expliquent pas.

Cette remarque faite, nous avons eu l'idée de voir en premier lieu comment s'étaient formés les noms de nombre dans une autre famille de langues à flexions, dans la sémitique. Si nous réussissons à découvrir le mode de formation des nombres sémitiques, nous serons par là même mis sur la voie pour trouver la formation des nombres indo-européens, pour lesquels, nous pourrons logiquement le conclure, on aura suivi une méthode analogue.

Or, après un examen attentif, il n'est pas difficile de voir que, pour former leurs nombres, les Hébreux se sont servis de mots empruntés à deux ordres d'idées, à la division ou analyse et à la multiplication ou synthèse. L'idée de division servait à les distinguer ; l'idée de multiplication ou d'agglomération servait par elle-même à indiquer une quantité, un nombre.

Nous avons montré par l'exemple de mille, million, milliard, et les autres exemples marqués, la part de l'usage dans la fixation du sens des mots quant au nombre. Quant à la division, nous pouvons citer les termes dont on se sert pour indiquer les divisions d'un ouvrage : on dit, par ex., 1er tome, 1re partie, 1re section, 1er numéro. Quoique, dans un ouvrage, ces différentes divisions n'aient pas une signification aussi nettement définie que celle des noms de nombre, parce que cela n'est pas aussi nécessaire, cependant l'usage a introduit parmi ces mots une certaine différence ; ainsi on ne confondra pas le 1er tome avec la 1re partie, ni la 1re partie avec le 1er numéro. Et pourtant tous ces mots ne signifient que division (τόμος, de τέμνω, couper ; *pars*, *partiri*, partager ; *secare*, couper ; νόμος, de νέμω, partager).

On devra s'attendre aussi à trouver l'idée de division, de séparation plutôt dans les premiers nombres, et celle d'augmentation, de quantité, plutôt dans les derniers.

Cela dit, voici les noms de nombre hébreux.

1° *Un* se dit ACHAD. On sait qu'un A commençant un mot hébreu, est très-souvent prosthétique, c'est-à-dire, n'appartient pas à la racine. Nous aurons plus d'une occasion de le constater. Une preuve que cela a lieu pour ce mot, c'est le chaldéen CHAD, *unus*. Or, voici ce que dit Gésénius dans son Dictionnaire sur la racine CHAD : « Elle a pour congénères KAD, KATH, KAZ, KAS, KASH, CAS, CHATH, CHATS, CHAZ, GAD, GADH, GAZ. La signification commune à toutes ces racines est celle de couper (*secandi*, *cædendi*). » Il y compare le latin *cædo*, *scindo*, le grec σχίζω. En sanscrit les racines ayant même forme et même sens ne manquent pas. Nous trouvons : KAD (*findere. dividere*), KHAD et KHUD (*occidere*, *edere*), KAD (*edere*), SCID (*scindere*).

A nos yeux, cette étymologie est indiscutable. On ne peut évidemment pas objecter la différence des formes du nom de nombre et de la racine proposée, puisque entre ACHAD ou CHAD, un, et le verbe CHAD, diviser, la ressemblance est aussi grande que possible. Et à ceux pour qui le passage de l'idée de diviser à celle d'unité semblerait faire difficulté, nous nous contenterons de rappeler que, même dans notre famille, la racine MAN ou MIN, diviser (cfr. le latin *minuo, comminuo*) a produit non seulement le grec μόνος, seul, unique, mais aussi l'arménien MIN, *un* (Bopp, *Gramm.* II, p. 212).

Un, en hébreu, est donc synonyme de particulier, de singulier.

2° *Deux* (1) se dit SHENAIM; AIM est la forme du pluriel, la racine est SHAN. Cette racine SHAN se trouve dans trois verbes : le 1er signifie briller; le 2d, renouveler, varier, déformer, abandonner; le 3e aiguiser, rendre tranchant, blesser, percer.

Laissons de côté le verbe briller. Pour le second, les étymologistes se demandent, sans y répondre, si le verbe SHANA (renouveler, déformer, etc.) est l'origine du nom de nombre ou vice versâ. Quant au 3me, il a parfaitement le sens que nous cherchons. Si cependant, en en considérant les divers sens *(acuit, vulneravit, fodit)*, nous pouvions garder des doutes sur sa première signification de diviser, nous la retrouverions encore dans ses dérivés et dans les mots correspondants de notre famille.

Le principal de ces dérivés est SHÊN, dent (d'où pointe de rocher ou de montagne). Dent, c'est-à-dire, ce qui divise, brise, broie. Cette dérivation n'étonnera pas quiconque sait que l'allemand *beissen*, angl. *bite*, mordre, est le sanscrit BHID (lat. *findo*), *diviser;* que le mot mordre lui-même (lat. *mordeo*) est le sanscrit MARD, *briser, broyer*. Ceci est une nouvelle confirmation, soit dit en passant, en faveur de l'étymologie qui dérive DANT (ὀδόντ-), dent, de AD, manger, proprement diviser, broyer, sens que montre clairement la même racine en hébreu où AD et AT signifient *fregit, rupit.*

Les autres dérivés présentent le même sens ; par exemple : SHAITH (pour SHENETH, dit Gésénius), épine ; SHEN-INA, parole

(1) S'il est un nombre où l'on puisse s'attendre à l'idée de division, c'est *le nombre deux* plus que tout autre : elle s'y attache si bien que c'est lui qui a formé le plus grand nombre des mots composés signifiant diviser (*divido, distribuo, discerno, distinguo*, etc.).

mordante, injure; SHANA, année (comme ὥρα, [de ὅρος borne, limite] primitivement division du temps, puis année, puis heure).

Toujours aussi même sens dans les formes congénères : ISHAN, languissant, desséché, épuisé *(solutus viribus)*; SANA, qui a fourni SÉNÉ, ronce, buisson d'épines et (comme SHÊN, dent) pointe de rocher ou de montagne; enfin la montagne aux trois pointes du *Sinaï*, la *sierra* des Espagnols.

Cette racine SHAN est largement représentée dans nos langues. Nous avons 1) en sanscrit : KSHAN *(vulnerare, laedere, occidere)*; d'où KSHANA *(pars temporis definita, momentum)*; KSHNU (pour KSHUN), *acuere*, etc. 2) en grec : ξαίνω, déchirer, d'où ξάνιον, peigne; ξένος, étranger (litt. le séparé); σίνομαι, blesser, endommager; σινίον, crible; ὕνις (= σύνις), soc de charrue, etc. 3) en gothique : *sun* (partager, séparer) qui a donné en allemand *son-dern*, particulariser, séparer; *sonderbar*, singulier, étrange, etc.; l'anglais *a-sunder*, en pièces, etc. D'après cela SHENAIM, deux, signifie : ce qui est divisé.

3° *Trois* se dit SHELÔSH. La racine SHALASH, que ferait attendre le mot SHELÔSH, n'existe pas en hébreu. Si elle a existé, elle a dû signifier *ajouter*. Sa correspondante en sanscrit serait alors SLISH, adjungere, conjungere. On pourrait peut-être citer aussi l'ancien germanique *sluz* (moderne *schlieszen*), serrer, fermer, joindre, adjoindre (s'adjoindre à quelqu'un, par exemple, à un voyageur pour faire route avec lui). D'après cela trois serait le nombre « ajouté. »

Cependant je crois plutôt que SHALASH est une corruption de SHALATH : il y a en effet une foule d'exemples où l'on voit le *t* dégénérer en *s*. En allemand moderne c'est la règle : *ss* ou *z* y sont toujours les remplaçants d'un *t* ou *d* primitif, et il est probable que l'ancien allemand *sluz* est pour *slut*. En latin et en grec, *t* ou *d* deviennent *s* devant une autre dentale. Dans les langues sémitiques *th* et *sh* se remplacent très-souvent; ainsi, pour n'en citer qu'un exemple, le mot SHENAIM (deux) que nous avons vu, se dit THENAIM en chaldéen. Nous pouvons donc admettre que SHALASH est pour

SHALATH. Or SHALATH signifie : *superior factus est, dominatus est;* c'est de là que vient le nom du *sultan*, litt. « le supérieur, le maître, *magister*. » Mais que l'on prenne SHALASH ou SHALATH, il n'importe guère : l'un et l'autre ne sont sans doute, conformément au système trilitère des Sémites, que des allongements de la racine plus primitive SHAL qui, sous les formes multiples SHAL, SAL, ÇAL et THAL, que Gésénius dit être identiques, signifie : *aggessit*, *extulit*, *crevit*. Comme on le voit, le résultat est toujours le même.

Trois est donc le nombre « ajouté, » ou « supérieur, « ou « accru. »

Mais s'il reste quelque obscurité sur l'origine exacte du nombre trois, en revanche celle du nombre suivant nous apparaît dans toute la lumière désirable.

4° *Quatre* se dit AREBA. L'A initial, encore ici, est prosthétique et ne paraît dans aucun dérivé (RABUA, *quadratus*, REBA, quarta pars, etc.).

La racine est RABA (RABAH), qui signifie : *multiplicatus est*, *auctus est; multus, numerosus fuit; magnus factus est*, *crevit*. Une autre forme, suivant le système trilitère, est RABAB, même sens (1).

Les dérivés sont : RAB (*multus*, *multum*, *magnus*, *vastus*,

(1) On pourrait objecter que AREBA finit par la lettre AÏN. Nous ferons remarquer que cette lettre est quelquefois une altération de TSADÉ (TS); nous en verrons des exemples plus loin. Le mot RABA (AÏN) est le même mot et a le même sens que RABATS, *être couché*, et n'a rien à faire ici. Mais très-souvent aussi, du moins dans les dissyllabes, AÏN n'est qu'une addition phonétique, ainsi qu'il est manifeste par une foule d'exemples. la racine ZARA (avec AÏN). *spargere* est la même que ZAR ou ZARAR. *spargere*. que, à cause du chaldéen DAR, je rapprocherais du sanscrit DAR, *diviser*, *distribuer*. La racine MANA (avec AÏN), est la même que MAN ou MANAN ; elles sont apparentées avec la racine indo-européenne MAN (latin *minuo*) et, comme elle, signifient *diviser*. Ainsi encore GABA (avec AÏN), *être élevé* ou *courbé*, est le même que GAB et GABAB. La propension des Hébreux à employer cette gutturale se montre particulièrement dans la transcription en hébreu de mots étrangers. Au nom de *Pharaon*, par exemple, ils ont ajouté après le second *a* un AÏN, qui ne se trouve ni dans l'égyptien ni dans le copte Ⲡⲟⲩⲣⲟ Ils ont

summus, *princeps*, *praefectus*, d'où RABBI); ROB (*multitudo*, *copia*, *magnitudo*), et plusieurs autres.

Mais parmi ces dérivés, ceux qui nous offrent un intérêt particulier sont les suivants : 1° RIBO, RIBOTH ou REBABAH, dix mille ou une myriade; 2° RIBOTHIM (pluriel du précédent), vingt mille ou deux myriades; 3° REBABOTH (pluriel de REBABAH), des myriades ou plusieurs myriades, et en général un nombre très-considérable.

On voit qu'en hébreu, comme chez nous pour nos milliers, millions et milliards, l'usage s'est emparé d'une racine signifiant beaucoup, ou quantité; de cette idée générale il a formé des mots d'une valeur numérique précise, savoir : quatre, dix mille, vingt mille, et plusieurs myriades. On ne dira certes pas que c'est le nombre quatre qui a fourni la racine renfermant l'idée de croissance, d'augmentation, de quantité, de myriade surtout, ni que la myriade ait formé le nombre quatre. Il est évident que ces nombres ont été nommés d'après la notion générale de la racine verbale signifiant augmenter, croître, se multiplier.

5° *Cinq* se dit CHAMÊSH. Il a pour racine CHAMASH qui renferme encore l'idée de quantité, de développement. Elle a fourni les mots graisse, obésité, vigoureux, abdomen, ventre *(uterus)*.

6° *Six* se dit SHÊSH. Le sens de la racine SHASH, qui existe en hébreu, n'est pas indiqué dans le dictionnaire, et il faut le conclure de celui des mots qu'il forme. Les voici : 1° blanc (marbre blanc, lin, lis); (IA)SHASH, *albus*, *canus fuit*, d'où (IA)SHESH, *senex*; 2° le verbe est employé par Ezéchiel dans un endroit (XXXIX, 2) que la vulgate traduit par *ascendere faciam*, forme active de *ascendere*; 3° le nom propre SHÊSHBATSAR, que l'on explique par *cultor ignis*, et dans lequel SHÊSH aurait le sens de feu. Il résulte de là que SHASH

de même introduit un AÏN dans le surnom de φονθομφανηχ (*Salvator mundi immortalis* donnée à Joseph par Pharaon. Le nombre AREBA, augmenté par son commencement et par sa fin, ne peut être un mot primitif.

a dû signifier *s'élever* et *briller*. Quant à l'idée de blancheur, elle dérive de celle de briller : notre mot blanc n'est autre chose que l'allemand *blank*, de *blinken*, briller, le même que le grec φλέγω (briller, brûler) et le latin *flag-ro*, *flamma* (= *flag-ma*, comme on sait). En sanscrit nous avons *sush* qui signifie *siccari*, *arescere*, mais ce mot avait un sens plus primitif, comme le montrent : SUSH-MA, 1° *ignis*, 2° *sol*, 3° *aer*, *ventus*, 4° *lumen*, *splendor*, 5° *vis*, *robur* ; SUSHMAN, *ignis*, et SUSHMIN, *fortis*, *robustus*.

SHÊSH se rapporte donc à une racine signifiant être élevé, grand, fort, ou bien être brillant. On peut choisir entre les deux ; le sens de élevé, grand, fort, paraît préférable, cette idée de grandeur s'accordant mieux avec la notion de quantité ou de nombre.

Il est bon de remarquer, pour ce nombre, l'accord qui existe entre le sémitique et la famille indo-européenne (sanscr. SHASH, *sex*, ἕξ, etc.). Quand on voit que la lettre initiale du mot SHASH en sanscrit (SH) ne s'y rencontre au commencement d'aucun autre mot, on est tenté de le croire emprunté à l'hébreu.

7° *Sept* se dit SHÉBA. Pour ce mot, comme pour le précédent, il y a une ressemblance si frappante entre toutes les langues des deux groupes, sémitique et indo-européen, qu'il n'est guère possible de douter qu'il ne soit partout le même. Ce qu'il y a à remarquer, c'est que non seulement le sanscrit (SAPTAN), le zend (HAPTA), le perse, le grec et le latin, mais aussi l'égyptien (EFTHAS) ont un T ou (TH). Au lieu de T ou TH, l'hébreu a un *aïn*. Mais comme *aïn* remplace très-souvent *tsadé* (TS, qui est issu de T), par ex. ERETS, syriaque ARA (terre), TSÔN, syr. ANA (troupeau), etc., il faut regarder SHÉBA comme une corruption de SHÉBAT (ou SHÉBATH), qui suppose la racine SHABAT ou SHABATH.

Or nous avons en hébreu les racines SHABAT, dont il n'existe qu'un rejeton (*baculus*, *bâton*), et SHABATH, se reposer, auxquels on peut ajouter leurs congénères SHAVAT, flageller, fustiger, SHAP(H)AT, juger, punir, et SHAP(H)ATH, poser ou faire reposer (par exemple dans le Ps. XXII, 16 : *In pulvere mortis me repones*, vous me ferez reposer parmi les morts). On peut suivre assez facilement la série de ces divers sens : SHABATH et SHAPHATH signifient, l'un reposer, quiescere, l'autre faire reposer ; ils sont dans un rapport de neutre à actif comme *jaceo* et *jacio*, l'allemand *liegen*, être étendu ou couché et *legen* coucher, comme aussi σκήπτω signifie à la fois s'appuyer *(cubo, jaceo)* et lancer *(jacio)*. SHABAT, bâton, est l'instrument sur lequel on s'appuie, sur lequel on se repose, comme σκήπτρον, bâton (de σκήπτω, s'appuyer). Puis SHABAT, bâton, a conduit à SHAVAT, fustiger (bâtonner), et à SHAPHAT, juger et surtout punir. Σκήπτρον, bâton, est devenu de même le symbole de l'autorité (sceptre). Le sens primitif de SHABATH est donc *reposer*. De là vient le sabbat qui signifie, comme on sait, le jour du repos.

La vraie racine de SHABATH est SHAB, comme on le voit par la racine ISHAB (avec I prosthétique : impératif SHÊB, substantif SHEBETH). ISHAB signifie *sedere, habitare, ponere*, et a donné en arabe les substantifs siége et lit. La même racine, dans notre famille, est en sanscrit SVAP, dormir, grec ὑπ pour συπ (dans ὕπ-νος, sommeil), latin *sopio*, dormir, *sopor* et *somnus* (pour *sop-nus)*, sommeil, *sup-inus*, couché. La transition de être assis ou couché ou se reposer à dormir est toute naturelle; κεῖμαι, *jacere*, a donné κοίτη, lit, et κοιμάω, dormir.

Mais qu'est-ce que le sens de repos a à faire au nombre sept? — Il n'est pas nécessaire d'être très-versé dans la connaissance de la littérature et des coutumes judaïques pour savoir que le sabbat, qui signifie proprement le repos et le jour du repos (lequel était chaque septième jour), est dans plusieurs circonstances synonyme de sept. C'est ainsi que pour dire septième année on disait année sabbatique. On employait aussi le même mot de sabbat pour désigner la semaine, c'est-à-dire, les sept jours, tout comme ἑπτά, ἕβδομος, *septem*, *septimus*, ont formé ἑβδομάς et *septimana*, la semaine.

Comme on le voit, cette explication est conforme aussi bien aux données de la philologie qu'aux traditions de l'humanité.

Sept est donc le nombre « du jour de repos. »

8° Huit se dit SHEMONÉ (SHEMONA ou SHEMONATH; 8me, SHEMÎNI). La racine est SHAMAN, qui signifie être gras, abondant, fertile, robuste. On est donc revenu, pour ce nombre, à l'analogie de CHAMÊSH, cinq (racine CHAMASH, être gras, obèse, etc.).

9° *Neuf* se dit THÊSHA. On s'attendrait à la racine THASHA : cette racine n'existe pas. Mais on sait que dans une foule de mots la syllabe THA (THE ou THI) est une addition dans le genre de nos préfixes. Par exemple : THIKEVA (*funis*, *expectatio*) est identiquement le même mot que KAV *(funis)* et KIVA *(expectatio)*; THEKOUMA, résistance, vient de KOUM, résister, s'insurger ; etc. La racine est donc SHA. Cette racine se trouve sous les formes ISHA (avec I prosthétique), SHU et SHAUA, qui ont toutes trois le même sens, savoir, *fuit amplus*, *spatiosus*, *dives*. Elles ont fourni un grand nombre de dérivés qui tous aussi signifient abondance; *opes*, *divitiae*, *auxilium* (remarquez que *auxilium* vient de *augere*), *opitulari*, *salvare* : c'est cette racine qui nous a donné le nom de *Jésus* (JESHUA), « le Sauveur. »

Il n'est pas nécessaire de redire que ce nombre encore a été emprunté à l'idée de grandeur, d'abondance.

10° *Dix* se dit ÈSER. Sachant que S et SH sont représentés en hébreu par un caractère unique dans lequel l'usage a plus tard introduit une différence de prononciation (S et SH), marquée seulement vers le IIe siècle après Jésus-Christ par un point placé à gauche ou à droite, et que par conséquent dans l'origine c'était la même lettre, nous devrons naturellement, si nous ne trouvons pas la racine ASAR, chercher ASHAR, d'autant plus que dix en arabe se dit ASHAR ; ASAR n'existant pas, nous cherchons ASHAR et nous y trouvons : *beatus fuit*, *dives fuit*, *crevit;* substantif : *divitiae*. En arabe le même verbe signifie *contignavit*, *cocgit*.

Du reste, il est possible que la syllabe A soit encore une

addition comme THA du nombre précédent. La racine SAR ou SHAR nous présente le même sens de développement, de grandeur, etc. (SAR et SHAR, *fermentum;* SAR, *princeps;* SHAR, *abundavit;* etc.).

Les nombres suivants, de 10 à 19, sont composés de 10 et de 1, 2, 3, etc.

Pour 20 on a pris le pluriel de 10; pour 30, 40, 50 etc., le pluriel de 3, 4, 5, etc.

11° *Cent* se dit MÊA. Le seul mot approchant est MAI (MAIA, MU, MUI, MUA), pluriel MAIM et MÊI, chald. et syr. MÊIE, qui signifie eau et qui est rapporté à la racine MAUA ou MUA, fluere. Le dictionnaire de Gésénius remarque qu'en hébreu l'eau est employée souvent pour dire multitude et abondance (on remarquera que *abondance* vient également de *unda*). Qu'on rattache MÊA (cent) directement à la racine MUA, MAUA, couler, ou à MAI, eau, le sens est à peu près le même : dans le premier cas, ce serait un flux (c'est-à-dire beaucoup, comme nous disons un flux de paroles) ou une affluence; dans le second, ce serait une grande abondance.

12° *Mille* se dit ELEPH. La racine est ALAPH, *copulavit, sociavit.* Le même mot signifie une famille; les étymologistes sont d'accord, du reste, pour faire de ELEPH, mille, un dérivé de ALAPH. Les Éthiopiens employaient ce même mot pour le nombre dix mille : ce qui montre une fois de plus que c'est l'usage qui a fixé la valeur numérique d'un mot. Nous avons déjà dit comment il s'est exercé sur le reste des nombres hébreux (dix mille, vingt mille...).

On trouvera sans doute que l'usage, en hébreu, n'a pas agi d'une manière bien savante en composant la nomenclature de ses nombres. Nous l'avons trouvé aussi, et nous constatons que même chez nous il n'a pas agi autrement dans les nombres cités. Cependant il ne faut pas s'en étonner; les combinaisons savantes ne sont pas l'affaire de l'usage, il ne raisonne pas, il décide, il décrète, et ses décrets font loi pour des siècles.

Cette étude sur les nombres sémitiques doit nécessairement

nous faire penser que nos ancêtres indo-européens ont formé les leurs d'une manière analogue. Nous n'entreprendrons pas pour le moment le développement de cette proposition, nous contentant d'avoir ouvert la voie à ce genre de recherches. Nous dirons seulement que deux (sanscrit DVA, δύο, duo) nous semble se rattacher à la racine DA, DO ou DU, diviser (comme SHENAIM, deux, de SHAN, diviser); que trois (TRI, τρεῖς, tres) vient de TAR (aller plus loin), en quoi nous ne faisons que suivre Bopp; que quatre (KATUR, *quatuor*) signifie : encore plus loin (KA, encore; TAR, aller plus loin), ou, selon Bopp, ce qui nous paraît moins probable : un (et) trois, (KA serait l'abréviation de ÊKA, un). Bopp, qui ne donne son avis que sur l'étymologie des trois nombres 3, 4 et 5, dit de ce dernier, PANKAN, que la dernière partie, KAN, pourrait être une abréviation de KATUR, quatre, et que la première, PAN, serait mise pour PAM, lequel serait mis pour KAM, lequel serait pour ÊKAM, qui serait l'accusatif de ÊKA, un, de sorte que PANKAN signifierait un (et) quatre. Cela paraît bien savant et surtout bien compliqué. Il y aurait une autre explication, mais qui est simple : ce serait de dire que PANKAN vient de la racine PANK, puisqu'il y a une racine PANK. Elle signifie : expandere, extendere; et elle a formé, entr'autres dérivés, PANK-TI : *linea*, *series*, *turba*. L'idée d'étendue, de série, de quantité, ne nous semble pas convenir trop mal à l'expression d'un nombre.

Nous ne pousserons pas ces remarques plus loin; ce que nous avons dit suffit au but que nous nous sommes proposé.

Il est possible que nos langues continuent, comme le dit M. Bréal, à compter par les mêmes mots tant qu'elles dureront. Mais ce qui est certain, c'est que « ceux qui créèrent notre système grammatical, » *n'ont pas* « respecté les noms de nombre qu'ils trouvèrent en usage. » Ce qui ressort de ce que nous avons dit, c'est qu'on a formé ces noms de racines préexistantes. Cette formation s'est faite à une époque relativement récente et d'une manière isolée. Cela est prouvé d'une manière évidente par ce fait que dans les deux familles les

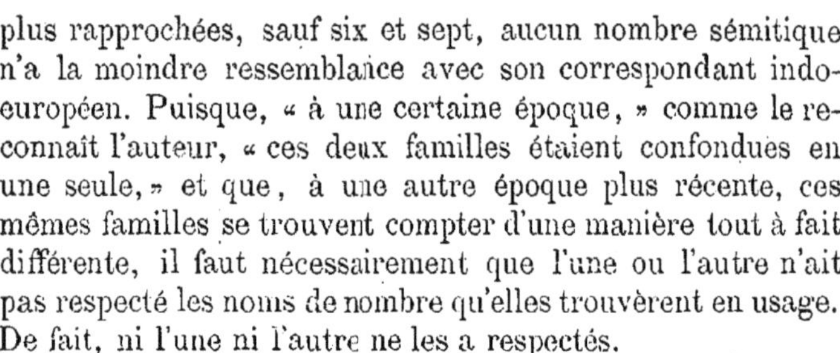

plus rapprochées, sauf six et sept, aucun nombre sémitique n'a la moindre ressemblance avec son correspondant indo-européen. Puisque, « à une certaine époque, » comme le reconnaît l'auteur, « ces deux familles étaient confondues en une seule, » et que, à une autre époque plus récente, ces mêmes familles se trouvent compter d'une manière tout à fait différente, il faut nécessairement que l'une ou l'autre n'ait pas respecté les noms de nombre qu'elles trouvèrent en usage. De fait, ni l'une ni l'autre ne les a respectés.

A moins de supposer, ajoute l'auteur, que l'homme ne savait pas encore compter de 1 à 10, il faut bien admettre que ces termes : DVA, TRI, etc., sont antérieurs à la période où furent jetées les bases de notre grammaire. A ce compte, il faut supposer que, dans cette illustre période grammaticale, l'homme ne savait pas compter même jusqu'à deux, puisque, pour le nombre *un*, il y a, dans notre famille indo-européenne, presque autant de termes différents que de langues. On ferait un raisonnement analogue en disant : à moins de supposer que l'homme ne savait pas encore distinguer le blanc du noir, ou de quelque autre couleur, il faut bien admettre que ces termes : blanc, noir, etc., sont antérieurs à notre période grammaticale : ce qui est faux.

L'auteur accepte le rapprochement entre le nombre dix (dakan) et les mots signifiant doigts (δάκτυλοι). Nous l'acceptons également, et voici ce qui nous en semble,

Le mot DAKAN, dix, a été pris de l'idée de division. La racine est DAK (ou DAC), qui signifie diviser. En sanscrit nous avons DANK et DAK, mordre, distinguer, discerner, voir (comparez κρίνω, diviser et *cerno*, voir); d'où DIK, faire voir, montrer (δείκ-νυμι, *dico*, etc.), de même que le sanscrit VID ou BID, diviser, a donné en latin *divido* et *video*. en grec ἴδιος, particulier, séparé, et ἰδεῖν, voir, etc. En gothique, la même racine est TAH, diviser, déchirer (*lacerare*), d'où en allemand moderne *zeche*, écot, *zacke*, déchirure, dentelure, et *zickzak* (notre zigzag). En grec nous avons δακ- (δάκνω, ἔδακον), mordre. En hébreu, DAC et DAK signifient diviser, broyer.

Nous ne croyons pas qu'un tel accord dans ces langues laisse prise au doute sur l'étymologie de ce nombre, qui est un nombre à part et auquel convient parfaitement l'idée de division.

Quant à δάκτυλος, il vient de la même racine. C'est ainsi que pour désigner les doigts des pieds chez les animaux, l'allemand se sert du mot *klaue*, qui vient de la racine *klub*, anglais *cleave*, fendre ; l'adjectif *klau-ig* se traduit par : à pieds fourchus, fissipède, digité. Comparez aussi *zehe*, doigt (du pied, orteil) avec *zeche*, écot.

DAKAN et δάκτυλος ont donc de commun l'idée de division.

Y a-t-il entre les deux une filiation ? — Rien n'autorise à le croire ; mais s'il y en a une, il est de la dernière évidence que DAKAN aurait donné naissance à δάκτυλος et non δάκτυλος à DAKAN, puisque δάκτυλος est un mot composé de δακ et de τυλος, en sorte qu'il signifie *membre divisé* (ou, si l'on veut à toute force une dérivation trés-improbable de DAKAN : membre décimal). D'autre part, si le latin *digitus* appartient à cette famille de mots, comme l'auteur semble l'admettre, et qu'il se rapporte par conséquent à la même idée de division (cfr. le german. *dag*, épée, angl. *dig*, fodere), la terminaison *tus*, qui indique un participe passé, le montre directement issu de la racine verbale et y fait voir clairement son sens de « chose divisée. »

Aussi regardons-nous comme la plus forte des méprises de M. Bréal celle qui le fait dériver le nombre dix de l'idée des doigts.

Par là on peut juger de la valeur des « renseignements » suivants : « Si, dit-il, cette parenté (entre DAKAN et δάκτυλος, *digitus*) existe, on en peut tirer deux renseignements : le premier, c'est que DAK ou quelque forme de ce genre a été, dans les langues indo-européennes, le plus ancien nom des doigts ou de la main ; le second, c'est que le nombre dix n'a pas été pris dans une autre famille de langues : d'où la présomption pour la série des neuf nombres précédents qu'elle n'a pas été empruntée. »

Cette dernière conclusion, pour des motifs tout différents, est aussi la nôtre. Les nombres (sauf 6 et 7) n'ont pas été empruntés; nos ancêtres indo-européens les ont formés eux-mêmes, tout comme les ancêtres des sémites les ont formés, pour leur propre compte, à l'aide des matériaux que leur fournissait leur langue : donc ces mots ne sont pas primitifs, pas plus que SARPA et les autres que l'auteur nous a cités : d'où notre conclusion dernière que l'auteur, en soutenant la priorité des mots substantifs sur les racines verbales, a édifié son système sur des preuves sans valeur qui, retournées contre lui, le renversent.

Nous avons fini. Les citations de J. M. E. Portalis et de Humboldt ne vont pas au sujet, et nous pourrions aussi bien nous les approprier. Nous ne croyons d'ailleurs, pas plus que l'auteur, que les racines du langage se réduisent à des onomatopées. Qu'on lise la nomenclature des racines sanscrites à quelqu'un qui ignore cette langue et qu'on lui demande le rapport qu'il perçoit entre elles et la nature extérieure. Il n'est pas nécessaire de recourir à l'image de ces blocs de rochers devenus galets. Si quelque chose doit frapper un linguiste, c'est la dureté incomparable de ces petites syllabes primitives qui ont traversé tous les siècles connus sans presque avoir été entamées.

Contrairement à l'opinion de l'auteur, nous croyons que la question des racines est liée à celle de l'origine du langage. C'est pour combattre cette idée que M. Bréal a fait son discours. On avouera qu'il aurait dû choisir des armes plus solides. Il parle aussi des « premiers balbutiements » de l'homme, comme si l'homme avait commencé par balbutier. Cependant, avant nous les Grecs ne balbutiaient pas, eux dont la langue était, jusqu'à ces derniers temps, regardée comme la plus parfaite; et avant les Grecs, les Indous, dont la langue est incomparablement plus parfaite encore, ne balbutiaient pas non plus; et bien longtemps avant les Indous, les premiers monuments écrits que l'on ait, montrent, chez les vieux Égyptiens, une langue et une civilisation très avancées qu'on apprécierait mieux si les documents étaient plus nombreux. On ne sait donc pas sur quoi on pourrait scientifiquement s'appuyer pour prétendre qu'auparavant on ne faisait que balbutier; il faudrait plutôt conclure le contraire, ce semble, en tenant compte simplement des découvertes successives de la science, et en négligeant même d'autres considérations dont ce n'est pas ici la place. « Plutôt que d'assigner aux langues une marche uniforme et mécanique, qui les traînerait pas à pas depuis le commencement le plus grossier jusqu'à leur perfectionnement, j'embrasserais l'opinion de ceux qui rapportent l'origine des langues à une révélation immédiate de la Divinité. » Cette réflexion, par laquelle nous terminons, et à laquelle M. Bréal ne semble pas près de souscrire, est de G. de Humboldt.

www.ingramcontent.com/pod-product-compliance
Ingram Content Group UK Ltd.
Pitfield, Milton Keynes, MK11 3LW, UK
UKHW021006220726
13924UKWH00002B/912